Rida Draie

Enxertia de legumes

Rida Draie

Enxertia de legumes

Uma nova técnica de controlo da vassoura-de-bruxa ramificada na cultura do tomate

ScienciaScripts

Imprint
Any brand names and product names mentioned in this book are subject to trademark, brand or patent protection and are trademarks or registered trademarks of their respective holders. The use of brand names, product names, common names, trade names, product descriptions etc. even without a particular marking in this work is in no way to be construed to mean that such names may be regarded as unrestricted in respect of trademark and brand protection legislation and could thus be used by anyone.

Cover image: www.ingimage.com

This book is a translation from the original published under ISBN 978-620-2-05393-8.

Publisher:
Sciencia Scripts
is a trademark of
Dodo Books Indian Ocean Ltd. and OmniScriptum S.R.L publishing group

120 High Road, East Finchley, London, N2 9ED, United Kingdom
Str. Armeneasca 28/1, office 1, Chisinau MD-2012, Republic of Moldova, Europe
Printed at: see last page
ISBN: 978-620-7-76743-4

Índice

Prefácio

Um dos produtos hortícolas mais importantes e populares do mundo, o tomate *(Solanum lycopersicum* L.), é cultivado numa área de cerca de 4,5 milhões de hectares, com uma produção anual de 124 mil milhões de toneladas. A infestação do tomateiro pela vassoura-de-bruxa tornou-se um grande problema para esta cultura na bacia mediterrânica, com perdas consideráveis de rendimento que levaram à destruição total da cultura. *Orobanche ssp.* é uma planta holoparasita epífita, completamente desprovida de raízes e de clorofila. Depende assim totalmente do seu hospedeiro para a sua nutrição hidromineral e orgânica. Através de um *haustório,* a planta parasita liga-se aos tecidos condutores da planta hospedeira (nomeadamente o floema) e recolhe dele a água e os nutrientes necessários ao seu desenvolvimento. Entra assim em competição trófica com os órgãos da planta hospedeira. Atualmente, na ausência de um meio de luta eficaz, económico e seguro contra este parasita, apenas uma combinação de vários métodos de luta (culturais, biológicos, físicos e químicos) pode ser utilizada para controlar a vassoura-de-bruxa.

Estes trabalhos baseiam-se num rastreio de porta-enxertos de tomateiro quanto à sua resistência à vassoura-de-bruxa ramificada para procurar fontes de resistência entre porta-enxertos resistentes a outros agentes patogénicos transmitidos pelo solo. A questão que está na origem deste trabalho é a de saber se o vigor dos porta-enxertos e as resistências realizadas podem ser activos para limitar a incidência do parasita e o desenvolvimento da broomraba nas plantas enxertadas. Além disso, será avaliado o impacto da enxertia sobre a suscetibilidade dos porta-enxertos e a tolerância das variedades de tomate. Paralelamente, será apreciado o interesse das plantas enxertadas produzidas em condições de não infestação. O tomate enxertado e parasitado pela vassoura-de-bruxa é um modelo biológico complexo, para o qual pareceu interessante, de um ponto de vista fundamental, aprofundar as relações fonte-dreno entre o enxerto, o porta-enxerto e os orobanches fixados ao porta-enxerto.

CAPÍTULO 1

1.1. O TOMATE

O tomate cultivado *(Solanum lycopersicum* L.) é originário do noroeste da América do Sul, numa área que vai do sul da Colômbia ao Equador, Peru e norte do Chile, desde a costa do Pacífico até aos contrafortes da Cordilheira dos Andes (Philouze, 1993). Pertence à família das *Solanáceas*. De acordo com Watson e Dallwitz (1992), esta família inclui cerca de 2000 espécies. O tomate adapta-se a condições de crescimento muito variadas e os seus frutos destinam-se ao consumo fresco ou à transformação industrial.

1.1.1. Importância económica e nutricional

Entre os legumes, que representam quase 15% das culturas alimentares, o tomate é o terceiro maior "legume" do mundo, representando 7% da produção total de legumes, atrás da batata e da batata-doce (29% e 14%). %), respetivamente (FAO, 2014).

O tomate é cultivado em quase todos os países do mundo, em campos abertos e em estufas controladas, e em climas frios, quentes e temperados. É cultivado numa área global de cerca de 5 milhões de hectares, com uma produção anual de 170 mil milhões de toneladas e um rendimento de 34 toneladas Ha^{-1} (FAO, 2014). A China é o principal país produtor de tomate. Só ela produz 52 milhões de toneladas numa área de 1 milhão de hectares, o que revela um rendimento relativamente baixo. A França está entre os países produtores de tomate, mas com um rendimento de produção de 199 toneladas Ha^{-1} , segundo a FAO (2014).

Nos últimos anos, a produção de tomate intensificou-se significativamente, passando de 76,5 milhões de toneladas produzidas em 2,9 milhões de hectares de área cultivada em 1990 para 125,5 milhões de toneladas produzidas em 4,6 milhões de hectares em 2006, o que reflecte um aumento de 160% na produção, embora o rendimento seja relativamente estável, de acordo com a FAO (2007).

Os tomates (independentemente da sua cor ou forma) não são ricos em nutrientes e calorias como outros vegetais, mas estão no topo da lista no que respeita ao seu teor de vitamina C. A cor do fruto do tomate deve-se aos pigmentos, em particular ao caroteno, precursor da vitamina A, ao licopeno (um pigmento vermelho muito próximo do caroteno) e às xantofilas. O quadro 1 apresenta o valor nutricional médio por 100 g de tomate maduro, segundo a USDA (2008).

Tabela 1. Valor nutricional médio por 100 gramas de tomate, vermelho, maduro, cru (USDA, 2008)

Nutriente	Valor	Nutriente	Valor (mg)
Água	94,50 g	Fósforo, P	24
Energia	18 kcal	Potássio, K	237
Proteínas	0,88g	Sódio, Na	5
Lípidos totais	0,20 g	Caroteno, provitamina A	0,6
Cinzas	0,50 g	Ácido ascórbico, C	12,7

Fibras alimentares	1,2 g	Niacina, PP	0,594
Açúcares totais	2,63 g	Colina	6,7
Aminoácidos totais	0,905 g	Betaína	0,1
Cálcio, Ca	10 mg	Licopeno	2,6
Ferro, Fe	0,27 mg	Tocoferóis, E	1,0
Magnésio, Mg	11 mg	Fitoesteróis	7

O tomate diminui a hipertensão devido ao seu teor de potássio (Ringer e Bartlett, 2007; Anderson et al., 2008). É excelente para o fígado (antitóxico: cloro e sulfureto), (Launay, 2007) e para proteger a pele contra as queimaduras solares e contra o acne e as picadas de insectos (acidez e antioxidante), (Di Mascio et al., 1989). O licopeno também actua positivamente na digestão e na prevenção do cancro do aparelho digestivo, da próstata, dos pulmões, dos seios, do útero e dos ovários (Giovannucci et al., 1995; Gann et al., 1999; Bowen et al., 2002). Este antioxidante é eficaz contra as doenças cardiovasculares (Omenn et al., 1996), a aterosclerose e a cegueira (Bernier e Lavoie, 2001a, 2001b). Além disso, diurético, o tomate ajuda a eliminar as toxinas produzidas pelas dietas de emagrecimento (Livernais-Saettel, 2000).

1.1.3. Doenças do tomateiro

O tomateiro, à semelhança de outras *Solanáceas,* pode ser atacado por muitos agentes patogénicos que causam danos muito graves, até à destruição ou perda total da produção. Os principais agentes patogénicos que infectam o tomateiro são, segundo El-Halmouch (2004) e UC-IPM (2008)

> Insectos e pragas: Pulgões, moscas brancas, minadores de folhas, noctus do tomateiro, escaravelho da batata do colorado, nemátodos.

> Fungos: Derretimento de plântulas, antracnose, alternaria, cladosporiose, cancro do caule do tomateiro, míldio do tomateiro, podridão cinzenta, murcha de fusarium do tomateiro, septoriose.

> Bactérias: Cancro bacteriano.

> Vírus: Bronze do tomateiro, mosaico do tabaco, doença filiforme,

> Plantas parasitas: Cuscuta, *Orobanche ssp.*

1.1.4. Melhoramento genético do tomate

1.1.4.1. As espécies selvagens pertencem ao tomate

O tomateiro é uma planta herbácea rasteira, diploide (2n = 24), que se comporta como planta anual em clima setentrional e como planta perene em clima tropical, onde floresce independentemente do fotoperíodo (Philouze, 1993; Chahed et al., 2004). Pertence ao género *Solanum,* secção *Lycopersicon* da família *Solanaceae* (Peralta et al., 2005). Esta secção inclui nove espécies selvagens, todas da região andina do Peru e do Equador, com excepção da *S. cheesmanii* encontrada no arquipélago das

Galápagos (Rick et al., 1990). Estas espécies distinguem-se pela cor dos frutos na maturidade, o número de folhas entre os ramos florais e o modo de reprodução. Outros critérios florais completam a classificação (Quadro 2), (Causse et al., 2000).

Tabela 2. Características das nove espécies selvagens do género *Solanum* secção *Lycopersicon,* (Peralta et al., 2005) SC: auto-compatível; SI: auto-incompatível; S: autogame; A: allogame; O: opcional

Species	Fruit color at maturity	Compatibility and Mode of reproduction	Crossing with *S. lycopersicum*	Geographical distribution
S. lycopersicum var. cerasiforme	Red	SC, S	Easy if *S. leco.* female	Highly variable ecotype; from Ecuador to Peru
S. pimpinellifolium	Red	SC, SO	Easy if *S. leco.* female	Peru's Coastal Valleys
S. cheesmanii	Orange	SC, S	Easy if *S. leco.* female	Archipelago of the Galapagos
S. hirsutum	Green	SI, OA	Easy if *S. leco.* female Germination difficult and sterility F1	Large range, 500 to 3300 m above sea level, in Ecuador and Peru
S. parviflorum	Green	SC, S	Easy if *S. leco.* female	Mid-altitude center of Peru
S. chemielewski	Green	SC, O	Easy if *S. leco.* female	Mid-altitude center of Peru
S. chilense	Green	SI, A	Embryo F1 *in vitro* F1 autosteriles	Areas dry or temporarily dry, along the coast of Peru and northern Chile
S. peruvianum	Green	SI, A	Embryo F1 *in vitro* F1 autosteriles	Areas dry or temporarily dry, along the coast of Peru and northern Chile
S. pennellii	Green	SI, A	Easy if *S. leco.* female	Dry areas of the central part of Peru (halfway up the western edge of the Andes)

O tomate cultivado pertence à espécie selvagem *Solanum lycopersicum* var. *cerasiforme*. As cultivares cultivadas provêm de repetidas introduções do Novo Mundo e também de selecções de mutantes naturais ou híbridos. A seleção centrou-se na criação de variedades adaptadas especificamente a diversas condições, melhorando simultaneamente a qualidade do fruto e o nível de resistência aos agentes patogénicos (Philouze, 1999).

1.1.4.2.Diversidade molecular no género *Solanum* secção *Lycopersicon*

Os biólogos moleculares demonstraram que existe muito pouco polimorfismo do ADN em *Solanum lycopersicum* (Miller e Tanksley, 1990). Em contrapartida, as espécies selvagens do género *Solanum Lycopersicon* representam um enorme reservatório de variabilidade genética para os criadores, que já as exploraram amplamente, nomeadamente para a pesquisa de genes de resistência aos agentes patogénicos. Além disso, as espécies autopolinizadas apresentam uma diversidade muito inferior à das espécies polinizadas por cruzamento (Causse et al., 2000). Os cruzamentos com *S. lycopersicum* são facilitados pelo facto de todas as espécies terem o mesmo número de cromossomas (diploide, n = 12), desde que o tomate cultivado seja tomado como progenitor feminino (Philouze, 1993).

1.1.4.3.Os principais genes de interesse para a construção de híbridos resistentes a doenças e parasitas

O tomate é uma das espécies vegetais em que o número de características monogénicas exploradas em variedades cultivadas é mais importante. Muitas destas características resultam de mutações que ocorrem espontaneamente nas cultivares ou que foram descobertas em espécies cultivadas relacionadas com o tomate. Dos cerca de 200 agentes patogénicos que atacam diferentes tipos de culturas de tomate em todo o mundo, cerca de metade são agentes patogénicos transmitidos pelo solo, tais como fungos do género *Fusarium, Verticillium, Pyrenochaeta,* bactérias do género *Ralstonia* ou nemátodos das galhas *Meloidogyne.* Para controlar estes numerosos agentes patogénicos, têm sido investigadas e exploradas fontes de resistência genética desde a década de 1940. Todas estas fontes genéticas de resistência são derivadas de espécies selvagens e a maioria é monogénica dominante (quadro 3).

Quadro 3. Características da resistência aos principais agentes patogénicos do tomateiro transmitidos pelo solo (Causse et al., 2000)

Resistance genes	Pathogens	Origin
Tm-1 ; Tm-2	Tobacco mosaic virus (TMV)	*S. hirsutum ; S. peruvianum*
Am	Alfalfa mosaic virus (AMV)	*S. hirsutum*
Cw-5	Tomato Spotted Wilt Virus (TSWV)	*S. peruvianum*
Ty-1	Tomato Yellow Leaf Curl Virus (TYLCV)	*S. chilense*
Cf-4 ; Cf-2, Cf-5, Cf-9	*Cladosporium flavum*	*S. hirsutum ; S. pimpinellifolium*
Ve	*Verticillium daliae*	*S. pimpinellifolium*
Sm	*Stemphylium* ssp.	*S. pimpinellifolium*
Py-1	*Pyrenochaeta lycopersici*	*S. peruvianum*
Lv	*Leveillula taurica*	*S. chilense*
Ol-1	*Oidium lycopersicum*	*S. hirsutum*
Ph-1, Ph-2, Ph-3	*Phytophtora infestans*	*S. pimpinellifolium*
I-1,2 ; I-1	*Fusarium oxysporum* f. sp. *lycopersici*	*S. pimpinellifolium ; S. pennellii*
Frl	*Fusarium oxysporum* f. sp. *radicis-lycopersici*	*S. peruvianum*
Pto	*Pseudomonas syringae* pv. *tomato*	*S. pimpinellifolium*
Bs3-2	*Xanthomonas campistris* pv. *vesicatoria*	*S. lycopersicum*
Mi, Mi-3	*Meloidogyne* ssp.	*S. peruvianum*
Hero	*Globodera rostochiensis*	*S. pimpinellifolium*
Polygens	*Cucumber Musaic Virus (CMV)*	*Several species*
	Tomato Yellow Leaf Curl Virus (TYLCV)	*Several species*
	Botrytis cineria	*S. hirsutum*
	Clavibacter michganensis	*Several species*
	Ralstonia solanacearum	*S. pimpinellifolium*

A seleção para resistência a agentes patogénicos transmitidos pelo solo conduz atualmente a híbridos F1 portadores de genes dominantes para controlar vários agentes patogénicos. Estes híbridos são utilizados como porta-enxertos de tomate e beringela (Causse et al., 2000).

Estão disponíveis linhas quase isogénicas do tipo Moneymaker para os genes *Ve, I, I-2, Frl, py-1, Mi, Sm, Pto, Tm-1, Tm-2, Tm-22* e *Sw-5*. O nível destas resistências é geralmente muito elevado, estando a maior parte destes genes envolvidos em relações com o agente patogénico gene-a-gene (determinadas pela interação entre um gene de resistência na planta e um gene de avirulência no agente patogénico) (Laterrot, 1996).

Foi demonstrado que as raças de agentes patogénicos são capazes de superar muito rapidamente os novos genes de resistência que se lhes opõem. Este é particularmente o caso dos genes *Mi, I, Ve, Sw-5* e de certos genes da série *Cf.* Por conseguinte, as estratégias de seleção evoluem atualmente no sentido da acumulação de vários genes que controlam mecanismos de resistência distintos para controlar um único agente patogénico (Causse et al., 2000).

1.1.4.4. Mapeamento de QTL em tomate (resistência a agentes patogénicos)

Desde 1980, graças aos marcadores moleculares, os genes dos Quantitative Trait Loci (QTL) foram identificados e localizados num mapa genético. Os seus efeitos individuais puderam ser quantificados. Foram assim propostas novas abordagens que permitem a exploração e a valorização eficazes dos recursos genéticos (Tanksley e McCouch, 1997).

Provavelmente devido à riqueza dos genes principais e à dificuldade de estabelecer uma escala para a notação quantitativa dos sintomas causados pelos agentes patogénicos, as resistências poligénicas têm sido relativamente estudadas e utilizadas no tomateiro (Causse et al., 2000). Os estudos efectuados dizem obviamente respeito a doenças para as quais não foi encontrada nenhuma fonte de resistência monogénica dominante. Entre estas, contam-se a resistência aos insectos (Nienhuis et al., 1987; Maliepaard et al., 1995), a resistência a *Clavibacter michiganensis* (Sandbrik et al., 1995), a *Ralstonia solanacearum* (Thoquet et al., 1996), a *Oidium lycopersicum* (Van der Beek et al., 1994) e a resistência ao TYLCV (Grube et al., 2000). Estes estudos conduzem geralmente à deteção de um QTL com forte efeito na resistência associado a QTL com efeitos menores (frequentemente designados por genes menores). Alguns destes QTLs com efeitos fortes são considerados como genes principais que controlam uma resistência parcial (caso dos genes *Ty-1* e *Ol-1*). As co-localizações entre QTL e genes principais são frequentes. Assim, *Ty-1, Ol-1* e um QTL de resistência a *Ralstonia solanacearum* estavam localizados na mesma zona do cromossoma 6 que os genes *Mi, Cf-2* e *Cf-5* (Figura 1). Até à data, não foi mencionada qualquer resistência à vassoura-de-bruxa.

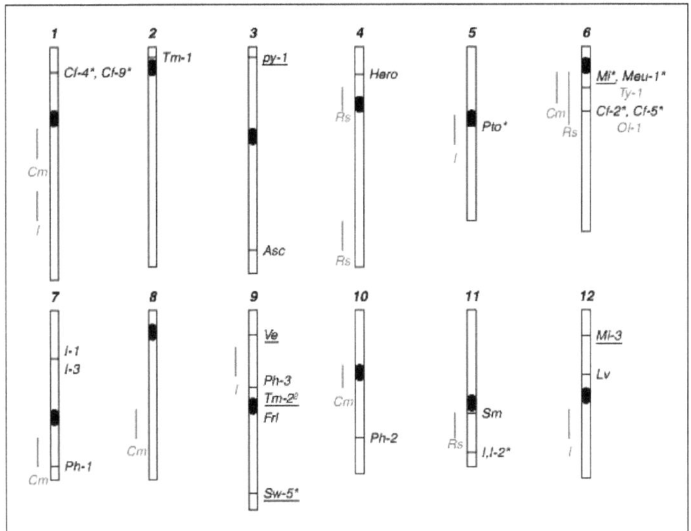

Figura 1. Localização cromossómica dos principais genes (preto) e QTL (verde) de resistência a doenças no tomateiro (Grube et al., 2000)

* Os genes sublinhados são aqueles para os quais estão disponíveis marcadores PCR específicos adequados para seleção; Rs: QTL de resistência a *Ralstonia solanacearum*, Cm: QTL de resistência a *Clavibacter michiganensis*; I: QTL de resistência a insectos.

1.2. ENXERTIA DE TOMATEIROS

A enxertia consiste na associação de duas partes (um porta-enxerto e um enxerto) de duas partes de plantas diferentes para formar uma única planta viva (Kumar, 2011). O porta-enxerto, com o seu sistema radicular, eventualmente com uma parte do seu caule, fornece a água e os nutrientes necessários ao crescimento, oferece uma resistência múltipla aos agentes patogénicos transmitidos pelo solo e gera um excedente de vigor na nova planta (Espuna, 2000; Graines-Baumaux, 2006). O enxerto corresponde à parte aérea da nova planta, que trará características produtivas para se multiplicar (Zijlstra et al., 1994).

1.2.1. História da enxertia

Embora a origem histórica da enxertia seja desconhecida, os chineses utilizaram a enxertia para plantas em 1560 a.C. Tanto Aristóteles (384-322 a.C.) como Teofrasto (371-287 a.C.) escreveram sobre a enxertia. Durante o Império Romano, a utilização do enxerto entrou na horticultura (Ombrello, 2006).

Durante o Renascimento, muitas plantas foram introduzidas na Europa e, em muitos casos, foram mantidas pelo enxerto. A compreensão dos sistemas circulatórios nas plantas desenvolveu-se nos anos 1700 e a formação da união dos enxertos foi objeto de muita investigação. No século XIX, foram descritas mais de 100 técnicas de enxertia diferentes, incluindo as utilizadas atualmente (Ombrello,

2006).

A cultura de legumes enxertados começou no Japão e na Coreia pela primeira vez no final da década de 1920, quando a melancia *(Citrullus lanatus)* foi enxertada num porta-enxerto de abóbora (Rivero et al., 2003a; Leonardi, 2016). A beringela foi enxertada em beringela-escarlate *(Solanum integrifolium)* na década de 1950. Desde então, a cultura de plantas enxertadas aumentou consideravelmente e a enxertia tornou-se uma técnica importante para a produção de vegetais na Coreia, no Japão e em alguns países asiáticos e europeus, onde a utilização do solo é muito intensiva (Lee, 1994; Oda, 1995; Bekhradi et al., 2011).

Em 1998, foram produzidos 540 milhões e 750 milhões de plantas enxertadas na Coreia e no Japão, respetivamente (81% e 54% do total das culturas hortícolas) (Lee et al., 1998; Lee, 2003). Esta técnica foi adoptada na região mediterrânica quando a utilização do enxerto foi proposta como alternativa às aplicações de brometo de metilo para controlar as doenças transmitidas pelo solo e aumentar a produtividade das culturas (Ioannou, 2001).

O número de plantas de tomate enxertadas em Espanha aumentou de menos de um milhão em 1999-2000 para mais de 45 milhões em 2003-2004 (Besri, 2005) e a área foi aumentada para 4500 ha (Yassin e Hussen, 2015). A enxertia de plantas hortícolas (especialmente de tomate) também aumentou significativamente em França e em Itália, com 2800 ha e 1200 ha, respetivamente (Yassin e Hussen, 2015). Na Grécia, a superfície de produção que utiliza plantas enxertadas em toda a área de produção é de 90100% para o cultivo precoce de melancia, 40-50% para melões em túneis, 2-3% para tomate e beringela e 5-10% para pepinos (Traka-Mavrona et al., 2000). Em Marrocos, o tomate enxertado é cultivado em 75% das áreas de produção para controlar as doenças transmitidas pelo solo e prolongar a época de colheita (Besri, 2003; Besri, 2005, Yassin e Hussen, 2015). Na Turquia, o tomate enxertado representa mais de 25% do total de tomate produzido (Yassin e Hussen, 2015).

Nos Estados Unidos, a enxertia é uma base importante para as práticas agrícolas devido aos benefícios que traz, incluindo a resistência a doenças transmitidas pelo solo, a melhoria da produtividade das culturas e a sua exigência para a produção orgânica e sustentável de tomate (Rivard, 2006; Kyriacou et al., 2017).

1.2.2. Formação da união porta-enxerto/seção

Durante a formação da união porta-enxerto/porta-enxerto, os tecidos meristemáticos diferenciam-se em tecidos vasculares que voltam a ligar o porta-enxerto ao enxerto.

A fase inicial começa 4 dias após a enxertia e é caracterizada pela morte das camadas celulares na interface do enxerto, como uma reação de ferida (Moore, 1984; Tiedemann, 1989) e por uma geração de calos parenquimatosos que preenchem o espaço entre o porta-enxerto e o enxerto. Nas plantas enxertadas de tomateiro, os calos são formados por todas as células parenquimatosas não danificadas devido à enxertia. Assim, as células vivas da superfície começam rapidamente a aumentar de tamanho (células hipertróficas) e a dividir-se (Jeffree e Yeoman, 1983; Fernandez-Garcia et al., 2004a).

Estes calos diferenciam-se em câmbio. Começa a formar novos tecidos condutores que se ligam aos do porta-enxerto e do enxerto entre 4 e 8 dias após a enxertia. Esta diferenciação completa-se 15 dias após a enxertia (Fernandez-Garcia et al., 2004a). A maioria dos autores considera que a união de um enxerto é bem sucedida e completa quando as ligações xilemáticas e floemianas se completam (Fernandez-Garcia et al., 2004a). Na ervilha, auto-enxertada, as ligações totais do xilema e do floema ocorrem 8 dias após a enxertia (Stoddard e McCully, 1979). Em plantas de tomate auto-enxertadas, Turquois e Malone (1996) observaram que as ligações do xilema na interface de enxertia se tornam funcionais 5 dias após a enxertia. Do mesmo modo, observa-se um aumento gradual da condutividade hidráulica 4 a 8 dias após a enxertia, mostrando a inicialização de novas ligações nos tecidos condutores (Fernandez-Garcia et al., 2004a).

Yang et al., (2016) sugerem que as temperaturas nocturnas estão implicadas no desenvolvimento do enxerto em plantas de melancia. Uma temperatura mínima de 18 °C é indicada durante o estágio de formação da união do enxerto, no qual as pontes vasculares foram conectadas aos feixes vasculares aos 5 dias após o enxerto.

Após a união perfeita entre as células do porta-enxerto e do enxerto, inicia-se a lignificação do novo sistema vascular. Foram detectadas fortes actividades de peroxidase durante a formação da união e é provável que estejam envolvidas na lenhificação dos vasos do xilema (Whetten et al., 1998; Quiroga et al., 2000; Fernandez-Garcia et al., 2004a). Além disso, foi registado um forte aumento do conteúdo de H_2O_2 e da atividade da catalase 8 dias após a enxertia de plantas de tomate (Fernandez-Garcia et al., 2004a).

O peróxido de hidrogénio, inicialmente na origem da forte lenhificação do xilema observada nesta fase, é também suscetível de servir de intermediário na resistência a doenças e na resposta a lesões (Bestwick et al., 1997; Orozco-Cardenas e Ryan, 1999; Pellinen et al., 2002). A catalase está envolvida na defesa celular e é induzida pelo elevado nível de H_2O_2 que se torna tóxico e causa a morte de certas células parenquimatosas durante a lenhificação (Guan e Scandalios, 2000; Fernandez-Garcia et al., 2004a).

1.2.3. Compatibilidade de enxertia

De acordo com Oda (2004), a enxertia entre famílias diferentes não é possível, com exceção da regra de compatibilidade, tomate *(Solanaceae)* em melão ou pepino *(Cucurbitaceae')*. Por outro lado, a enxertia inter genérica é utilizada em muitos produtos hortícolas. O pepino *(Cucumis sativus)* pode ser enxertado em abóbora *(Cucurbita spp.)*, melancia *(Citrullus lanatus), abóbora* de garrafa

(Lagenaria siceraria), melão (*Cucumis melo*) e abóbora branca (*Benincasa hispida*). O tomate (*Solanum lycopersicum*) pode ser enxertado em beringela (*Solanum melongena*) ou em pimentão (*Capsicum annum*). No entanto, as enxertias interespecíficas (diferentes espécies do mesmo género) e intraespecíficas (diferentes variedades da mesma espécie) são as mais frequentes.

As monocotiledóneas, em geral, não são boas candidatas à enxertia. Os feixes cribrovasculares dispersos nos seus caules são difíceis de ligar entre o porta-enxerto e o enxerto. Por outro lado, o sucesso da enxertia é frequente nas dicotiledóneas. Os seus tecidos condutores e o câmbio vascular estão dispostos em anéis distintos (Ombrello, 2006).

1.2.4. Técnicas de enxertia

São utilizadas várias técnicas de enxertia de vegetais. Entre elas (Figura 2): a enxertia por reconciliação (Lee, 1994; Grigoriadis et al., 2005); a enxertia em tubo (Oda, 1995; Lee e Oda, 2003); a enxertia em fenda (Oda, 1999; Tremblay et al., 2003); a enxertia em furo (Graines Baumaux, 2006) e a enxertia por perfuração lateral (Patrice, 2005). De acordo com Kacjan-Marsic e Osvald (2004), todos estes métodos são adequados para a enxertia do tomateiro, com uma elevada taxa de sucesso de 80-100% (Draie, 2017e). A enxertia em tubo é considerada uma técnica importante para a produção de mudas de tomate quando as condições de enxertia são perfeitamente controladas (Draie, 2017e).

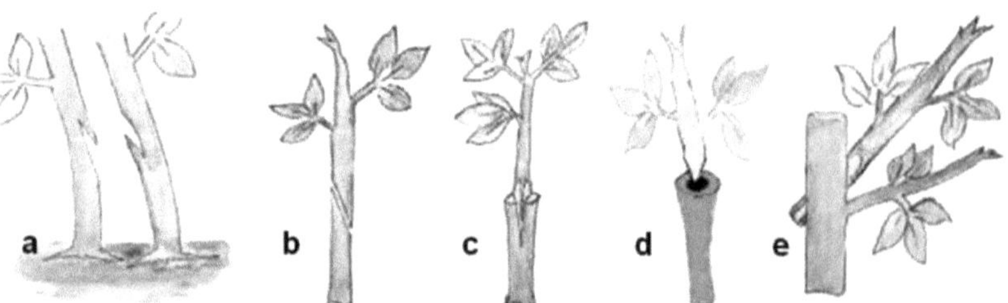

Figura 2. Principais métodos de enxertia do tomateiro.

a- enxerto por reconciliação; b- enxerto em tubo; c- enxerto em fenda; d- enxerto em buraco; e- enxerto por perfuração lateral (imagens: http://www.greffer.net/?p=107), (Patrice, 2005)

Kacjan-Marsic e Osvald (2004) referem que, ao contrário do melão, todas as variedades de tomate parecem estar bem adaptadas à enxertia. Independentemente da técnica de enxertia, é necessário fazer coincidir as duas camadas geradoras libro-lignas (cambium). O porta-enxerto e o enxerto devem ser sãos, vigorosos e compatíveis (Draie, 2017e).

1.2.5. Interesse da enxertia de legumes

A primeira vantagem de um porta-enxerto é o facto de apresentar um excelente sistema radicular que proporciona um excedente de vigor à planta enxertada, o que resulta num melhor rendimento durante um período de produção mais longo (Ruiz et al., 1997; Vitre, 2002; Staubli, 2005). Para além disso, é uma alternativa interessante à utilização de muitos produtos químicos, uma vez que proporciona uma boa resistência às doenças transmitidas pelo solo (Scheffer, 1957; Lee, 1994). Do mesmo modo, os porta-enxertos demonstraram resistência a stresses abióticos, como temperaturas extremas, humidade do solo e salinidade (Bulder et al., 1990; Estan et al., 2005).

1.2.5.1. Aumento do vigor e melhoria do desempenho

A enxertia de culturas hortícolas aumentou o rendimento, expresso em termos de um maior número e tamanho de frutos em comparação com plantas não enxertadas, na melancia (Ruiz e Romero, 1999; Yetisir e Sari, 2003), pepino (Pavlou et al., 2002) e tomate (Upstone, 1968; Augustin et al., 2002; Pogonyi et al., 2005; Draie, 2017a). Foi observado um aumento significativo do rendimento ao enxertar a beringela num porta-enxerto selvagem do género *Solanum* (Ibrahim et al., 2001; Rahman et al., 2002). Em cultura de estufa, a beringela enxertada num porta-enxerto de tomate mostrou um aumento de rendimento em comparação com plantas não enxertadas ou enxertadas num porta-enxerto de beringela (Passam et al., 2005). No tomate, foi demonstrado um aumento significativo do vigor e do rendimento, por exemplo, enxertando três cultivares de tomate "German Johnson" em Maxifort (porta-enxerto interespecífico: *S. lycopersicum x S. habrochaites,* De Ruiter) e em Robusta (porta-enxerto intraespecífico: S. lycopersicum x *S. lycopersicum,* Siminis). Este aumento precoce é visível logo aos 35 dias após a transplantação (Rivard, 2006). No entanto, a qualidade dos frutos, avaliada por refratometria (sólidos solúveis), diminui nos tomates enxertados. Este facto pode ser explicado pelo aumento da produtividade e do rendimento, que é acompanhado por uma diminuição da concentração dos principais componentes do fruto (Augustin et al., 2002; Pogonyi et al., 2005). Pelo contrário, no melão, a qualidade do fruto, indicada pela firmeza do fruto, pode ser consideravelmente melhorada através da enxertia (Roberts et al., 2005).

O aumento da produtividade é muitas vezes explicado pela vantagem proporcionada pelo porta-enxerto na absorção e nutrição mineral das plantas enxertadas. Assim, a absorção de macroelementos como o fósforo é aumentada no melão, qualquer que seja o porta-enxerto utilizado (Ruiz et al., 1996). A enxertia favorece igualmente a assimilação do azoto pelo melão, como o demonstra o aumento da atividade da redutase do nitrato e o teor de azoto orgânico das folhas (Ruiz e Romero, 1999). Na beringela enxertada em porta-enxertos de tomateiro, foi também demonstrado um aumento da absorção de fósforo, cálcio e sulfato com todos os porta-enxertos utilizados, enquanto no tomateiro apenas as plantas enxertadas em Beaufort (*5. lycopersicum * S. habrochaites:* De Ruiter) apresentaram este aumento (Leonardi e Giuffrida, 2006).

No caso dos microelementos, a enxertia com um porta-enxerto específico aumenta a absorção de ferro, bem como a translocação deste elemento para a parte aérea do tomateiro (Rivero et al., 2004). Embora o porta-enxerto tenha apresentado maior absorção e acúmulo de ferro, não foi observado aumento no teor de ferro na folhagem, indicando claramente a importância do vigor do enxerto na absorção e metabolismo desse elemento (Rivero et al., 2004).

A investigação demonstrou que o aumento do rendimento se deve provavelmente ao vigor do porta-enxerto, que melhora significativamente o crescimento vegetativo da planta enxertada e, consequentemente, aumenta a taxa de absorção de água e nutrientes em porta-enxertos vigorosos com um sistema radicular racinal muito desenvolvido (Ruiz et al., 1997; Cohen e Naor, 2002).

A importância global do porta-enxerto resulta em taxas fotossintéticas mais elevadas no tomate enxertado (Matsuzoe et al., 1993a; Matsuzoe et al., 1993b). Do mesmo modo, a condutância estomática aumenta no tomate enxertado em porta-enxertos vigorosos (Fernandez-Garcia et al., 2002), assim como a síntese de hormonas endógenas (Proebsting et al., 1992).

I.2.5.2. Tolerância ao stress abiótico

A enxertia é eficaz na superação de stresses abióticos como a salinidade, temperaturas extremas e humidade excessiva do solo (Borgognone et al., 2013, Ntatsi et al., 2014; Savvas et al., 2017; Wang et al., 2017).

Como resultado do excesso de irrigação, fertilização e desertificação, mais de um terço de toda a terra no mundo é afetada pela salinidade (Rivero et al., 2003a). Estudos efectuados no tomateiro mostram que os danos causados pela salinidade estão principalmente relacionados com a acumulação excessiva de Na^+ e Cl^- nas folhas (Cuartero e Fernandez-Munoz, 1999). Foram desenvolvidas várias estratégias para superar os efeitos tóxicos da salinidade: programas de melhoramento tradicionais, variedades transgénicas, técnicas culturais e gestão do uso do solo (Cuartero et al., 2006).

Embora a resistência ao sal exista na herança hereditária do tomateiro, o desenvolvimento de cultivares resistentes ao sal é muito lento (Cuartero e Fernandez-Munoz, 1999). Atualmente, os principais esforços centram-se na transformação genética do tomateiro para aumentar a sua tolerância (Borsani et al., 2003), com base na transferência de alguns genes, incluindo os envolvidos no controlo dos transportadores de Na^+ (Gaxiola et al., 2001; Rus et al., 2001; Zhang e Blumwald, 2001). A natureza complexa dos mecanismos genéticos da tolerância ao stress abiótico e os potenciais efeitos secundários adversos tornam esta tarefa extremamente difícil (Wang et al., 2003; Flowers, 2004). Além disso, face à rejeição pública da engenharia genética na agronomia, é necessário considerar outras abordagens (Munns et al., 2002).

A enxertia de tomateiro com porta-enxertos de tomateiro capazes de reduzir o efeito do sal na planta enxertada revelou-se muito eficaz na produção de plantas tolerantes à salinidade (Fernandez-Garcia et al., 2004b). De acordo com Santa-Cruz et al. (2001; 2002), os porta-enxertos tolerantes reduzem as taxas de absorção e transporte de iões de sal e a sua acumulação nas folhas (Banuls e Primo-Millo,

1995; Fernandez-Ballester et al., 2003; Moya et al., 2003). Da mesma forma, Fernandez-Garcia et al., (2004b) mostraram que as plantas enxertadas (Fanny em AR-9704) acumulavam menos Na+ e Cl⁻, e eram, portanto, mais tolerantes à salinidade, desenvolvendo-se melhor do que as plantas não enxertadas em solos salgados. A níveis elevados de NaCl, a utilização de Radja "um porta-enxerto que exclui o Na+ (Perez-Alfocea et al., 1996)", Pera "um porta-enxerto que inclui o Na+ (Perez-Alfocea et al., 1993a; Perez-Alfocea et al., 1993b) e o híbrido "Volgogradskij" como porta-enxertos aumentou os rendimentos até 80% em comparação com as plantas não enxertadas. Além disso, estes porta-enxertos impedem a translocação de iões de sódio e cloreto para as folhas (Estan et al., 2005). Foram obtidos resultados semelhantes enxertando uma variedade de tabaco num porta-enxerto de tomate tolerante ao sal (Ruiz et al., 2005). As melancias enxertadas com porta-enxertos tolerantes ao sal apresentam um aumento de rendimento de cerca de 80% em condições de estufa na bacia mediterrânica (Colla et al., 2006). Assim, a utilização de porta-enxertos tolerantes ao sal é uma técnica importante para a produção de produtos hortícolas até à resolução deste grave problema nas zonas áridas e semi-áridas.

A enxertia também tem sido usada para reduzir os efeitos de inundações em áreas onde pode ocorrer uma estação chuvosa (Black et al., 2003). Nas regiões tropicais, o tomate desenvolve-se, de facto, com dificuldade durante a estação quente e húmida. Por conseguinte, recomenda-se a utilização de plantas de tomate enxertadas em porta-enxertos de beringela nestas condições, visto que têm uma maior tolerância ao alagamento (Black et al., 2003).

A enxertia também tem sido eficaz na redução dos danos causados por temperaturas extremas do solo (Rivero et al., 2003b). Sob stress térmico, os tomates enxertados com porta-enxertos resistentes ao calor apresentam um maior crescimento vegetativo, níveis reduzidos de compostos fenólicos e intensidade da fluorescência da clorofila, o que sublinha uma maior tolerância ao stress ambiental. O seu desenvolvimento reprodutivo (produção de pólen e frutificação) não é afetado (Rivero et al., 2003a; Rivero et al., 2003b; Abdelmageed et al., 2004).

Além disso, as culturas mais importantes do ponto de vista económico, como o tomate, a abóbora, o pepino e a melancia, são muito sensíveis às baixas temperaturas durante o desenvolvimento vegetativo e a reprodução (Jackman et al., 1988). Nas culturas de inverno, os porta-enxertos "Renova" e "Esvier" promovem significativamente o crescimento vegetativo do rebento de pepino (Zijlstra et al., 1994). Além disso, este benefício não é observado na produção de verão. Foi proposto que a capacidade do porta-enxerto para resistir a baixas temperaturas depende não só do conteúdo lipídico da membrana das raízes destes genótipos (Horvath et al., 1980; Vigh et al., 1985), mas também da própria composição lipídica (Horvath et al., 1983; Bulder et al., 1990; Bulder et al., 1991). Horvath et al., (1983) registaram assim um nível muito elevado de ácido linolénico e de fosfatidilcolina nas cultivares de pepino tolerantes ao frio. Estes resultados são, em parte, consistentes com os de (Chen et al., 2008) que observam que o único lípido "significativamente induzido" pelo stress térmico é o ácido fosfatídico.

Em última análise, a utilização de porta-enxertos resistentes ao calor ou ao frio conduz a um prolongamento da estação de crescimento, o que resulta num melhor rendimento e numa produção estável durante o ano.

I.2.5.3. Resistência aos agentes patogénicos do solo

Em vários países onde o uso do solo é muito intensivo, os produtos hortícolas são cultivados principalmente em estufas. O cultivo contínuo é inevitável para aumentar o rendimento da produção, uma vez que as rotações de culturas não são geralmente utilizadas para minimizar as perdas económicas. Devido à intensificação e à monocultura de produtos hortícolas, foram criadas novas condições óptimas para o desenvolvimento de numerosos agentes patogénicos (Oda, 1999, 2004).

Estes agentes patogénicos foram eficazmente controlados por fumigantes e, em especial, pelo brometo de metilo (Vakalounakis, 1990; Besri, 2002). No entanto, após a demonstração da sua toxicidade e do seu efeito destrutivo na camada de ozono, a Comunidade Europeia proibiu a sua utilização desde 1 de janeiro de 2005. Por conseguinte, têm sido procuradas alternativas ao brometo de metilo para controlar os agentes patogénicos transmitidos pelo solo (Batchelor, 2001).

Uma vez que a esterilização do solo nunca pode ser completa, a enxertia tornou-se uma técnica essencial para a produção de culturas repetidas de produtos hortícolas (Besri, 2001; loannou, 2001; Pavlou et al., 2002; Giannakou e Karpouzas, 2003; Oda, 2004; Bletsos, 2005; Ashok e Sanket, 2017).

Os primeiros enxertos, no início do século XX, foram realizados para reduzir o ataque de agentes patogénicos transmitidos pelo solo, como o *Fusarium oxysporum,* na melancia (Scheffer, 1957; Rivero et al., 2003a). No entanto, a enxertia também é eficaz contra uma vasta gama de agentes patogénicos transmitidos pelo solo, incluindo fungos, bactérias, vírus e nemátodos (Besri, 2001; Pavlou et al., 2002; Giannakou e Karpouzas, 2003; Bletsos, 2005; Gilardi et al., 2013).

Assim, a enxertia é uma excelente técnica para controlar os agentes patogénicos fúngicos do solo. Foi utilizada com sucesso para eliminar o verticillium (*Verticillium dahliae*) no melão e no pepino no Japão, Coreia e Grécia (Oda, 1999; Ioannou, 2001; Vitre, 2002; Bletsos, 2005). No tomateiro, a enxertia com porta-enxertos como Maxifort e Robusta (portadores do gene *Ve*) é muito eficaz contra a doença de verticillium (Tsror e Nachmias, 1995; Ioannou, 2001; Rivard, 2006; Buller et al., 2013). De acordo com Tsror e Nachmias (1995), na batata enxertada por estacas caulinares, a tolerância ao verticillium é independente da posição do genótipo resistente, quer seja utilizado como porta-enxerto ou como enxerto.

Os porta-enxertos portadores do gene *l* ou do gene *Frl* permitiram também melhorar o rendimento em caso de infeção por Fusarium wilt (causada por *Fusarium oxysporum f.sp.lycopersici)* ou por Fusarium crown and root rot (causada por *F.oxysporum f. sp. Radicis-lycopersici)* no tomateiro de estufa (Pavlou et al., 2002; Vitre, 2002; Rivard, 2006).

Do mesmo modo, estudos efectuados em solos infestados com *Phytophthora cryptogea mostraram* que esta tecnologia pode ser utilizada para controlar a podridão radicular do tomateiro em estufa (Upstone, 1968).

Na Nova Zelândia, os tomates enxertados reduziram os níveis de podridão radicular causada por *Pyrenochaeta lycopersici* (Bradley, 1968). A resistência a este agente patogénico foi demonstrada noutros estudos (Ioannou, 2001; Staubli, 2005). Staubli, (2005) relata que a enxertia num porta-enxerto resistente (Maxifort) duplicou o rendimento da variedade Admiro num solo fortemente infestado com *P. lycopersici.*

Em Marrocos, a enxertia é utilizada comercialmente para controlar nemátodos e outras doenças transmitidas pelo solo em mais de 2000 ha de tomate, melão e melancia cultivados em estufa (Besri, 2001; Abdelhaq, 2004). Na Grécia, a enxertia com um porta-enxerto resistente tem sido bem sucedida no controlo de nemátodos *(Meloidogyne sp.)* que atacam a cultura do pepino (Giannakou e Karpouzas, 2003). A enxertia num porta-enxerto de tomate resistente também foi adoptada nesta região para a produção de beringelas em estufa.

Esta técnica é muito eficaz para o controlo dos nemátodos, proporcionando na produção de inverno um controlo equivalente ao dos fumigantes (Ioannou, 2001; Rahman et al., 2002). Na produção de verão, a resistência ligada ao gene *Mi* no tomate pode ser levantada pela temperatura elevada do solo (Ioannou, 2001). Este fenómeno foi observado pela primeira vez por Dropkin (1969). Segundo Lopez-Pereza et al. (2006), a utilização de porta-enxertos portadores do gene *Mi* permite um ganho de rendimento sob alta pressão de nemátodos, mesmo que os sintomas permaneçam elevados. O gene *Mi* confere assim tolerância, em vez de resistência aos nemátodos.

Embora não seja mencionado com muita frequência, a enxertia pode ser usada para controlar doenças virais. Vírus do enrolamento amarelo da folha do tomateiro - A doença ToYLCV é transmitida por *Bemisia tabaci,* a mosca branca da batata-doce. A utilização de porta-enxertos muito vigorosos portadores do gene de resistência *(Tm)* é eficaz para a gestão desta doença (Rivero et al., 2003 a).

A enxertia é fundamental para reduzir os danos causados pela murchidão bacteriana *(Ralstonia solanacearum)* no tomateiro (Tresky e Walz, 1997; Oda, 1999). Esta doença específica exige rotações de culturas durante longos períodos e com culturas não hospedeiras para remover o inóculo do solo. A enxertia foi, portanto, essencial para eliminar a incidência da murchidão bacteriana nas solanáceas, onde estas culturas só podem ser efetivamente plantadas se o solo for esterilizado ou se forem utilizados porta-enxertos resistentes (Tikoo et al., 1979; Peregrine e Binahmad, 1982; Grimault e Prior, 1994).

Os genótipos silvestres de beringela foram amplamente utilizados como porta-enxertos para o tomateiro (Matsuzoe et al., 1993a; Matsuzoe et al., 1993b). Estes porta-enxertos selvagens são consideravelmente resistentes à murchidão bacteriana e aos nemátodos, mas geralmente não são tão vigorosos como os genótipos de tomate. No entanto, como as plantas enxertadas podem estar num estado de deficiência hídrica, a qualidade dos frutos é superior com a utilização destes porta-enxertos silvestres de beringela (Matsuzoe et al., 1996).

Em conclusão, a enxertia provou ser uma ferramenta eficaz para muitas culturas hortícolas num sistema de gestão integrada de pragas com um espetro muito amplo. A utilização combinada da enxertia com outras técnicas de controlo de agentes patogénicos e parasitas do solo pode ter um efeito sinérgico na redução das doenças do solo e na melhoria da produtividade das culturas (Ioannou, 2001; Giannakou e Karpouzas, 2003; Bletsos, 2005). Um porta-enxerto KNVFFr que agrupe todos os genes de resistência a patogéneos radiculares (K: podridão radicular coriácea, N: nemátodo, V: verticillium, F: murcha de fusarium, Fr: podridão radicular e coroa de fusarium) pode ser a solução ideal para todas estas doenças (Lee, 1994; Espuna, 2000; Besri, 2004a).

No que diz respeito à vassoura-de-bruxa (um holoparasita epirítico), estudos confirmaram que a enxertia melhora o grau de tolerância da variedade à vassoura-de-bruxa. A enxertia é uma técnica importante para a produção de tomate em condições de infestação pela vassoura-de-bruxa quando o porta-enxerto é resistente ou, pelo menos, tolerante (Draie, 2017b; 2017c; 2017d).

1.3. O BROOMRAPE

A vassoura-de-bruxa *(Orobanche ssp.)* é uma herbácea anual holoparasita, totalmente desprovida de clorofila. Pertence à secção das Angiospérmicas, à classe das Dicotiledóneas, à ordem das *Scrophulariales,* à família *Orobanchaceae* e ao género *Orobanche*. Este parasita representa uma séria ameaça para a produção agrícola mundial, atacando as culturas dicotiledóneas e dependendo inteiramente do seu hospedeiro para todas as necessidades nutricionais.

1.3.1. Áreas de dispersão e importância eco-agronómica

A vassoura-de-bruxa encontra-se principalmente em regiões temperadas e sobretudo em zonas áridas e semi-áridas. O seu principal centro de disseminação é a bacia mediterrânica, a Ásia ocidental e a Europa oriental e meridional (Ait-abdallah et al., 1999; Joel et al., 2007). Também estão presentes em regiões com condições climáticas semelhantes, como a Califórnia, Rússia, Cuba e Austrália (Linke et al., 1989).

A perda de rendimento devido à vassoura-de-bruxa pode variar de 5 a 100% da produção, consoante a gravidade dos ataques e o grau de tolerância das variedades (Garcia e Torres, 1986; Sauerborn, 1991a; Kharrat et al., 1998; Zemrag, 1999; Bayaa et al., 2000). O perigo deste parasita advém também da longa viabilidade das suas sementes no solo, que excede pelo menos dez anos, e da sua taxa de multiplicação muito elevada (Cubero, 1983). Recentemente, Mauromicale et al., (2008) demonstraram que a vassoura-de-bruxa provoca uma redução significativa da capacidade fotossintética do tomateiro, levando a uma perda significativa de biomassa nos órgãos aéreos.

1.3.2. Principais espécies

Das cerca de 160 espécies de giesta que existem nas regiões temperadas, *O. crenata, O. aegyptiaca, O. ramosa, O. cernua, O. cumana* e *O. foetida* são as espécies mais importantes, colocando sérios problemas a um grande número de culturas (Zemrag, 1999), (Quadro 4).

Quadro 4. Principais espécies de vassoura-de-bruxa e principais culturas atacadas espèces

Espécies de giesta *(Orobanche ssp.)*	Plantas hospedeiras
O. ramosa	Tomate, tabaco, melão, beringela, batata,
O. aegyptiaca	lentilhas, cânhamo, colza
O. cumana	Girassol
O. cernua	Girassol, Tomate, Tabaco, Beringela
O. crenata	Feijões, lentilhas, ervilhas, grão-de-bico (Leguminosas)
O. foetida	Feijão, trevo, luzerna

O. cumana cresce em culturas de girassol há várias décadas em Espanha, na Europa Oriental e nos países em redor do Mar Negro. Coloniza toda a bacia mediterrânica, o Médio Oriente e o sul da Ásia (Linke et al., 1989). Sauerborn (1991b) afirma que cerca de 7 milhões de hectares de girassol estão infestados por *O. cumana* na Europa de Leste e no Próximo Oriente. Oficialmente, os primeiros ataques de *O. cumana* ao girassol em França só foram registados muito recentemente (durante três anos, dados do CETIOM). Durante muito tempo, *O. cumana* foi confundido com *O. cernua*, também parasita do girassol, devido à sua semelhança morfológica. A utilização de marcadores moleculares, do tipo sequências plastidiais, permitiu diferenciá-los e afirmar que se trata efetivamente de duas espécies distintas (Benharrat et al., 2002; Delavault e Thalouarn, 2002).

O. crenata encontra-se disseminada no Norte de África, sudeste de Espanha, sul de Itália e partes da Grécia, Síria e Egipto. É uma espécie que prefere regiões quentes e secas (Cubero, 1983) onde tem parasitado leguminosas, principalmente feijão, lentilhas, ervilhas e grão-de-bico.

O. fatida é endémica no norte e no sul de África, onde é relatada principalmente como parasita de leguminosas não cultivadas. Também ataca certas leguminosas cultivadas, como feijão, grão-de-bico, lentilhas e luzerna na Tunísia (Kharrat et al., 1992; Zouaoui et al., 2002), ou luzerna em Marrocos (Rubiales et al., 2005a).

O. ramosa (figura 3) e *O. aegyptiaca* atacam um espetro muito amplo de hospedeiros, incluindo *Apiaceae* (cenoura, aipo), *Brassicaceae* (colza, mostarda, couve), *Cucurbitaceae* (melão, pepino), *Cannabaceae* (cânhamo), *Fabaceae* (lentilhas) e *Solanaceae* (tomate, tabaco, beringela, batata). Na bacia mediterrânica, constituem uma séria ameaça para a cultura do tomate em campo aberto (Parker e Riches, 1993; Riches e Parker, 1995). Em França, a situação tornou-se preocupante para a cultura da colza de inverno (Benharrat et al., 2005). Considera-se que, até à data, *O. ramosa ataca* 10% da superfície francesa de colza (principalmente em Poitou Charentes). *O. ramosa* ataca também o cânhamo e o tabaco no território (Sallé, 2004; Letousey et al., 2005).

Figura 3. *Orobanche ramosa* a parasitar um tomateiro (var. Bngeor)

1.3.3. Características gerais

As giestas são plantas herbáceas, de 10 a 60 cm consoante a espécie. Reconhecem-se principalmente pelo seu caule ereto de cor amarela, completamente desprovido de clorofila, com folhas reduzidas sob a forma de escamas triangulares incolores. As flores estão agrupadas em espiga terminal de 10 a 20 flores pequenas. O cálice tem 4 a 5 cm, muitas vezes reduzido em dois lóbulos. As sépalas laterais estão mais ou menos divididas. A corola é tubular bilabiada (10-30mm), de cor variada, amarela, branca ou azul. Os estames são em número de quatro. Os ovários são uniloculares, com 2 ou 3 carpelos. O fruto é uma cápsula que contém sementes castanhas escuras, que tendem a escurecer com o tempo. Estas sementes são minúsculas (0,2-0,3 mm), muito numerosas, com mais de 100 000 sementes por planta de giesta, de grande longevidade e de fácil disseminação (vento, máquinas agrícolas...). O sistema radicular é composto por raízes adventivas não funcionais.

1.3.4. Ciclo de desenvolvimento da vassoura-de-bruxa

Após um período de maturação que, na natureza, corresponde à estação seca, a semente deve ser submetida a um pré-condicionamento (3 a 5 semanas na natureza), com humidade elevada e uma temperatura adequada de 25-35°C (Joel et al., 2001). Esta fase é acompanhada por um pico de respiração e uma forte síntese de proteínas, indicando uma atividade metabólica significativa (Nun e

Mayer, 1993). Apenas as sementes próximas de uma raiz hospedeira (menos de 3 mm) são capazes de germinar sob o efeito de um sinal químico (estimulante) sob a forma de um gradiente, emitido pelos exsudados da raiz hospedeira. Na ausência de tal sinal, a semente volta à dormência secundária e só recupera a sua capacidade germinativa após uma fase prolongada de desidratação seguida de um novo período de pré-condicionamento (Fer e Thalouarn, 1997).

Para a maioria das plantas hospedeiras, estes estimulantes (Figura 4) são moléculas da classe das estrigolactonas (lactonas sesquiterpénicas) derivadas da via de biossíntese dos carotenóides (Matusova et al., 2005). Em *O. ramosa,* a germinação é acompanhada pela produção de ácido indol-3-acético (AIA) (Slavov et al., 2004) e parece envolver etileno e giberelinas (Zehhar et al., 2002). A necessidade de auxina (AIA) para o desenvolvimento e diferenciação dos vasos xilianos do parasita foi testada (Harb et al., 2004).

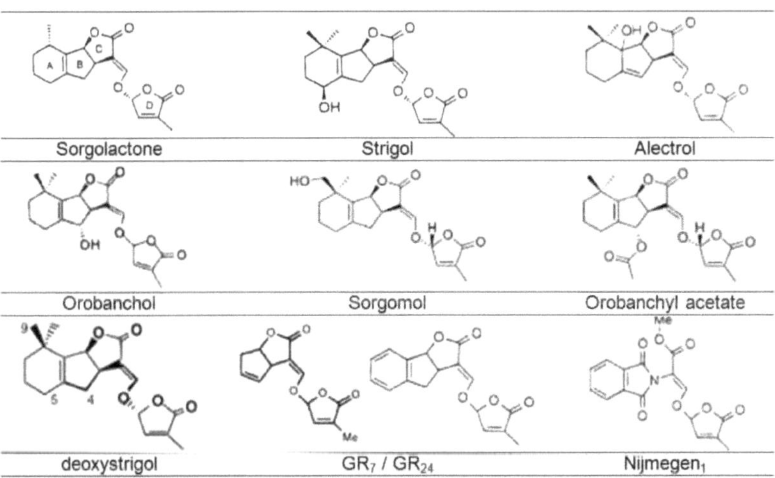

Figura 4. Estrutura dos estimulantes de germinação das sementes *de Orobanche*

As plantas de origem destas moléculas são o algodão para o estrigol (Cook et al., 1972), o trevo roxo para o orobanchol (Yokota et al., 1988), o sorgo para a sorgolactona (Hauck et al., 1992), milho para o alectrol (Müller et al., 1992), *Lotus japonicus* para o desoxistrigol (Sugimoto e Ueyama, 2008), sorgo para o sorgomol (Xie et al., 2008a), trevo para o acetato de orobanquilo (Xie et al., 2008b). GR7, GR24 e Nijmegen1 são estimulantes artificiais obtidos por síntese química (Thuring et al., 1995; Wigchert et al., 1999).

As sementes emitem posteriormente um tubo germinativo denominado *procauloma* no pólo micropilar, que se estende em direção à raiz do hospedeiro e se fixa rapidamente a esta, caso contrário degenera (figura 5). A adesão deste órgão à raiz da planta hospedeira é facilitada pela secreção de uma substância mucilaginosa pelo parasita (Joel e Losner-Gosher, 1994). Após a fixação, o procauloma diferencia-se num órgão denominado apressório, permitindo a fixação à superfície da raiz e depois a invasão do córtex radicular da planta hospedeira por uma ação mecânica combinada com a degradação enzimática das paredes das células corticais do hospedeiro através de actividades do tipo pectina metil esterase (Losner-Goshen et al., 1998) e poligalacturonases (Veronesi et al., 2006).

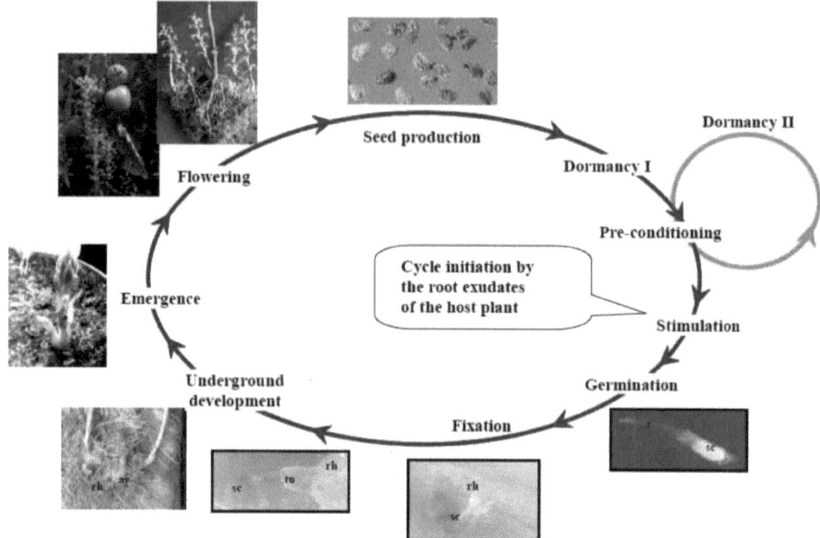

Figura 5. Ciclo de vida da vassoura-de-bruxa *(Orobanche ramosa)* no tomateiro. **r**: radícula, **sc**: revestimento da semente do parasita, **rh**: raízes da planta hospedeira, **tu** tubérculo, **ar**: raízes adventícias, **s**: caule do parasita.

Em seguida, o parasita diferencia um membro de ligação chamado *haustório*. Este representa uma ponte estrutural e fisiológica que permite, por um lado, a fixação do parasita no hospedeiro e, por outro, o trânsito de água e nutrientes do hospedeiro para o parasita. Este último desenvolve primeiro um tubérculo e depois um caule escamoso que, após a emergência, se diferencia num caule floral. A maioria dos danos ao hospedeiro é causada durante o crescimento subterrâneo do parasita.

1.3.5. A interface hospedeiro-parasita

A vassoura é uma planta não clorofilada e, por conseguinte, depende totalmente do seu hospedeiro para a sua alimentação orgânica. Extrai as substâncias orgânicas necessárias ao seu desenvolvimento do floema da planta infestada (Hibberd et al., 1999; Hibberd e Jeschke, 2001). Uma forte acumulação de solutos minerais e orgânicos no tubérculo faz baixar o seu potencial hídrico para um valor mais negativo do que o das raízes do hospedeiro, o que facilita a remoção de nutrientes pela vassoura-de-bruxa.

Vários estudos descrevem a interface parasita-hospedeiro (Figura 6), revelando a presença de xilema e floema no haustório da vassoura (Aber, 1984; Dörr e Kollman, 1995; Dörr, 1996; Labrousse, 2002). Os tecidos xilémicos do hospedeiro e do parasita estão ligados entre si. As paredes das células xilémicas da giesta engrossam em contacto com as do hospedeiro. Assim, a água e os elementos minerais são retirados do hospedeiro pelo *Orobanche* por uma via apoplástica. O tecido floémico do *Orobanche* está intimamente associado ao da raiz parasitada, o que implica quer a existência de células de transferência, algumas das quais têm uma ligação simplasmática com certas células floémicas da planta hospedeira (Dörr, 1996), quer a existência de plasmodesmas interespecíficos entre as células floémicas do hospedeiro e do parasita (Dörr e Kollman, 1995). Foram também observados plasmodesmas interespecíficos na interação *Striga gesnerioides - Pisum sativum* (Dörr, 1996). Noutras plantas parasitas, como *Olax phyllanthi*, o floema está ausente do *haustório* (Pate et al., 1990).

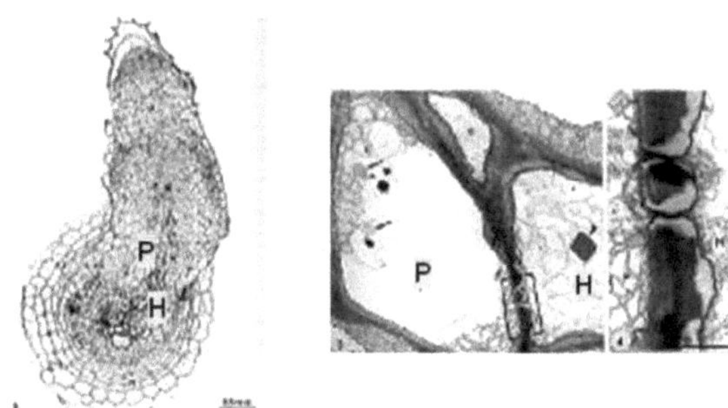

Figura 6. Interface hospedeiro-parasita

P: célula do floema do parasita, H, célula do floema do hospedeiro, (Joel e Losner-Gosher, 1994; Dörr e Kollman, 1995).

1.3.6. Metabolismo da sacarose na giesta

O termo "força do alvéolo" foi definido como a capacidade de um tecido do alvéolo para acumular fotoassimilados (Wolswinkel, 1984). A força do alvéolo pode, portanto, ser definida como o produto da atividade do alvéolo (potencial de remoção de fotoassimilados por unidade de peso do tecido por unidade de tempo) e do tamanho do alvéolo (Wolswinkel, 1984).

Os mecanismos de descarga dos fotoassimilados do hospedeiro para o parasita foram pouco estudados no caso da vassoura. Na interação escaravelho-Cuscuta *europea* (parasita do caule) e de acordo com os trabalhos de Wolswinkel et al., (1984) e Fer et al., (1987) os assimilados da planta hospedeira são descarregados no apoplasto do caule e depois reabsorvidos pelas células floémicas do parasita, implicando nesta transferência um sistema de transporte H$^+$-sacarose (transportador do tipo SUT). No entanto, trabalhos recentes demonstraram a existência de uma transferência simpática de solutos floémicos entre a cuscuta e as suas plantas hospedeiras (Birschwilks et al., 2006).

A sacarose é a principal substância orgânica extraída da *orobanche* na seiva elaborada da planta infestada (Aber et al., 1983). No entanto, este parasita não acumula sacarose mas sim hexoses, manitol e amido (Singh et al., 1968; Harloff e Wegmann, 1987; Delavault et al., 2002). A força de bem estar da vassoura é assim parcialmente dependente da sua capacidade de recolher e metabolizar a sacarose

23

da planta hospedeira, levando a um gradiente decrescente de concentração de sacarose na interface hospedeiro-parasita e facilitando assim a sacarose do floema na vassoura.

1.5. CONTROLO DA VASSOURA-DE-BRUXA

1.5.1. Métodos de controlo

São utilizados vários métodos de controlo da vassoura para minimizar os danos e as perdas nas culturas.

1.5.1.1. Controlo cultural

A remoção manual da vassoura-brava antes da maturação das sementes pode ser uma solução se a infestação for reduzida e recente. Esta técnica também reduz o stock de sementes no solo. No entanto, não resulta num aumento significativo do rendimento do hospedeiro porque a maior parte dos danos causados ocorre durante o desenvolvimento subterrâneo do parasita (Kharrat et al., 1994; Kharrat e Halila, 1996). Esta técnica tem, portanto, um interesse limitado em grandes culturas, em parte devido ao seu elevado custo de mão de obra.

Culturas associadas: Fernandez-Aparicio et al., (2006) observaram uma redução no número de plantas *de O. crenata* por planta de feijão e ervilha quando estas plantas hospedeiras são cultivadas na presença de cereais. Esta redução poderia ser explicada pela secreção de inibidores da germinação de sementes do parasita pelos cereais.

Culturas armadilha: são plantas que provocam a germinação de sementes de giesta sem serem plantas hospedeiras. Reduzem assim o nível de infestação na parcela. O interesse das plantas armadilha foi demonstrado, por exemplo, por Al-Menoufi (1991) que utilizou o trevo de Alexandria como cultura armadilha num campo infestado de *O. crenata*. A soja, o linho, os coentros, o gengibre, o girassol e o feijão são citados como possíveis culturas armadilha para *O. crenata* (Sauerborn, 1991a).

Culturas cativantes: são culturas hospedeiras da vassoura-de-bruxa (como o tomate e o feijão). São geralmente semeadas em alta densidade para permitir a germinação de mais sementes do parasita e são destruídas antes da emergência do solo ou da floração da vassoura-de-bruxa (Kharrat et al., 1997; Kharrat et al., 1998). As vassouras são eliminadas enterrando a cultura como forragem verde.

A data de sementeira: a sementeira tardia reduz os ataques de vassoura-de-bruxa (Nassib et al., 1984; Kukula et al., 1985; Kharrat e Halila, 1994; Rubiales, 2003; Perez-de-Luque et al., 2004). Kharrat e Halila (1994) mostraram que uma mudança de data de sementeira de 6 semanas resulta num aumento de 20% no rendimento do feijão e numa redução de cerca de 50% no número de vassouras emergidas numa parcela infestada pela espécie *O. foetida*. A sementeira precoce do tabaco reduz em 70% a infestação por *O. ramosa* (Castejon-Munoz et al., 1993; Gordon-Ish-Shalom et al., 1994; Zemrag, 1999). O efeito da data de sementeira pode ser explicado pelos efeitos da temperatura na dormência, condicionamento e germinação das sementes de vassoura-de-bruxa, bem como pelo efeito do fotoperíodo no desenvolvimento da cultura (Mohamed-Ahmed e Drennan, 1993).

fzation: é um método de controlo utilizado contra os parasitas do solo, como os nemátodos, os fungos, as bactérias, as ervas daninhas e as plantas parasitas. Esta técnica consiste em inundar e cobrir o solo com uma lona de polietileno preta durante um a dois meses para aquecer a camada de solo até 60°C. Este aquecimento leva à morte das sementes de giesta. Este aquecimento provoca a morte das sementes de giesta em cerca de 5-10 cm de solo. O número de cigarrinhas emergidas em feijões faba diminuiu em 90% após 40 dias de solarização (Sauerborn e Saxena, 1987). Krishna Murty e Raju, (1994) e Mohamed-Ahmed e Drennan, (1993) indicam que a germinação da *Orobanche* diminui gradualmente com o aumento do período de solarização.

Fertilização: uma fertilização rica em azoto e potássio reduz as infestações de giesta até 50% (Zemrag, 1999). Os fertilizantes influenciam o pH do solo e também afectam a germinação das sementes de nespereira (Saghir, 1986). Segundo Sauerborn (1991a) e Pieters (1996), a adubação com amoníaco (NH_3) inibe a germinação da tramazeira. A utilização de adubos sob a forma de matéria orgânica, como o bagaço de azeitona, estimularia a atividade biológica do solo, reduzindo assim a viabilidade das sementes de nespereira (Ghosheh et al., 1999; Saffour, 2003). Outros estudos referem o interesse dos fertilizantes foliares no controlo da vassoura-de-bruxa (Zemrag, 1999).

A lavoura zero (Van Hezewijk, 1994) ou a lavoura profunda podem manter ou enterrar as sementes de vassoura longe do sistema radicular da planta hospedeira. Assim, foi obtida uma diminuição de 60% na infestação da planta do tabaco por *O. cernua* através de uma lavoura profunda ((Khot et al., 1987).

Variedades resistentes: a pesquisa de recursos genéticos resistentes, estáveis e transferíveis para variedades produtivas é a melhor solução, se existirem, para controlar os stresses abióticos e bióticos (El gazzah e Chalbi, 1995), incluindo as plantas parasitas (Rispail et al., 2007). Entre as culturas afectadas pela vassoura-de-bruxa, a seleção de linhas resistentes está mais avançada até à data para o girassol (*O. cumana),* (Dominguez, 1999) e o feijão (*O. crenata* e *O. foetida),* (Cubero, 1991). As espécies selvagens representam um verdadeiro reservatório de variabilidade, mas com potenciais que variam consoante a espécie (Causse et al., 2000). Assim, a resistência do girassol a *O. cumana* provém de acessos selvagens e baseia-se num número extremamente limitado de genes (genes *Or*). Esta resistência é, no entanto, rapidamente contornada pelo aparecimento de novas raças *de O. cumana* mais agressivas (Dominguez, 1999). No caso do feijão, as linhas actuais apresentam apenas uma resistência multigénica e parcial combinada com um bom nível de tolerância (Abbes et al., 2007). A resistência tem origem nas linhas egípcias ou espanholas.

Enxertia em porta-enxertos resistentes (ver secção 2.2, página 19): esta técnica agronómica evita o contacto direto entre a cultura e o terreno infestado pela vassoura através de um intermediário que é normalmente uma variedade, ou espécie, resistente chamada "porta-enxerto".

1.5.1.2. Controlo químico

Foram testados vários herbicidas contra a vassoura-de-bruxa e os melhores resultados foram obtidos com o glifosato e as imidazolinonas.

Numerosos estudos relataram a eficácia do glifosato no controlo da vassoura-de-bruxa emergida, no girassol (Garcia-Torres et al., 1993), na ervilha e na lentilha (Arjona-Berral et al, 1988), no feijão (Schluter e Aber, 1980; Mesa-Garcia et al., 1984; Mesa-Garcia e Garcia-Torres, 1985), no tabaco (Jinga et al., 2006), no tomate (Montemurro et al., 2006) e na batata (Demirkan et al., 2006). A enzima alvo deste herbicida é a EPSPS, 5-enolpiruvil chiquimato-3-fosfato sintase (EC 2.5.1.19), uma enzima envolvida na via do chiquimato (Amrhein et al., 1980; Steinrucken e Amrhein, 1980). Assim, foi obtida uma redução de 97% no número de anexos de *O. foetida* por planta de feijão através do tratamento com glifosato (Kharrat e Halila, 1994). Ramirez-Ortega et al., (1992) indicam que o efeito do glifosato pode ser melhorado pela adição de sulfato de amónio.

As imidazolinonas também deram bons resultados no controlo da vassoura que parasitava o feijão (Garcia-Torres e Lopez-Granados, 1991; Saber et al., 1994; Kharrat e Halila, 1996) e o girassol (Garcia-Torres et al., 1993; Garcia-Torres et al., 1995). Estes herbicidas inibem a AHAS, acetohidroxiácido sintase (EC 4.1.3.18), uma enzima essencial para a biossíntese de aminoácidos do tipo valina, leucina e isoleucina (Shaner et al., 1984; Muhitch et al., 1987).

A utilização de imazapic e imizapyr é eficaz contra o parasita e aumenta o rendimento da cultura (Kharrat et al., 2002). Além disso, uma aplicação de rimsulfurão seguida de glifosato controla eficazmente a espécie *O. ramosa* e induz um aumento significativo do rendimento das culturas de batata (Haidar et al., 2005).

No entanto, a eficácia destes herbicidas depende fortemente do período de aplicação e dos riscos de fitotoxicidade. Além disso, existe o desenvolvimento de resistência aos herbicidas na vassoura-de-bruxa (Gressel et al., 1994).

Os desinfectantes do solo são utilizados para controlar as vassouras e outros parasitas do solo. O brometo de metilo, o dibrometo de etilo, o metame de sódio e o dazomet são fumigantes potenciais (Foy et al., 1989; Goldwasser et al., 1995). O brometo de metilo era o desinfetante universal para controlar as pragas do solo, incluindo a vassoura-de-bruxa, devido à sua elevada toxicidade para quase todos os agentes patogénicos. No entanto, a utilização deste desinfetante foi proibida em 2005 devido aos seus vestígios tóxicos e aos seus efeitos nocivos para o ambiente (Hershenhorn et al., 2009).

Os inibidores da síntese de giberelinas, como o uniconazol, o paclobutrazol e a daminozida (Zehhar et al., 2002), e os herbicidas como a difenamida e a trifluralina (Saghir e Abushakra, 1971) limitam a germinação das giestas. No entanto, a sua eficácia só é demonstrada *in vitro*.

Finalmente, considerou-se a utilização de estimulantes da germinação (análogos do estrigol) para induzir a germinação suicida do parasita, a fim de reduzir o stock do parasita no solo. No entanto, a instabilidade no solo e o custo elevado destas moléculas constituem obstáculos à sua utilização no terreno (Saghir, 1994).

1.5.1.3.Controlo biológico

O controlo biológico da vassoura-de-bruxa é uma abordagem interessante para a supressão deste parasita radicular em culturas hospedeiras e baseia-se na elevada especificidade dos agentes patogénicos (ou das suas toxinas) utilizados como agentes de biocontrolo (Gressel, 2003). Alguns insectos e fungos têm sido relatados como agentes que interferem com a vassoura-de-bruxa.

1.5.1.3.1. Os insectos

A mosca *Phytomyza orobanchia* Kalt. é utilizada na luta biológica contra a vassoura-de-bruxa. Os adultos deste díptero atacam exclusivamente os caules florais, enquanto as larvas se alimentam dos caules e dos frutos. Por exemplo, foi registada em diferentes países uma redução natural de 30 a 80% no número de sementes por haste floral da vassoura *(Orobanche ssp.)* (Klein e Kroschel, 2002). Com 500 insectos por hectare, é possível obter uma redução de 50% das plantas de giesta (Zemrag, 1999).

Zermane et al. (2004) relataram que os insectos *Phytomyza orobanchia* (Diptera: *Agromyzidae*) e *Smicronyx cyaneus* (Coleoptera: *Curculionidae*) reduziram significativamente os danos causados por *O. crenata.* e *O. foetida* em condições naturais. No entanto, este tipo de controlo apenas resulta numa pequena diminuição do número de sementes do parasita (Smith et al., 1993).

1.5.1.3.2. Thefungi

Vários fungos foram testados quanto à sua patogenicidade para as plantas parasitas. A maioria dos fungos que demonstraram ter um elevado potencial para controlar a vassoura-de-bruxa pertencem ao género *Fusarium* (Amsellem et al., 2001b; Shabana et al., 2003; Nemat-Alla et al., 2007). *F. arthrosporioides* e *F. oxysporum* são patogénicos para *O. aegyptiaca, O. cernua* e *O. ramosa* (Amsellem et al., 2001b ; Cohen et al., 2002 ; Nemat-Alla et al., 2007). Da mesma forma, *F. solani* mostrou patogenicidade específica para *Orobanche ssp.* (Boari e Abouzeid, 2002 ; Campagna e Rapparini, 2002 ; Boari e Vurro, 2004). A única espécie micoherbicida contra *Orobanche ssp, não-Fusarium*, é *Ulocladium botrytis*. Este fungo foi isolado de *O. crenata* no Egipto e mostra em estufa uma forte patogenicidade contra *O. cumana* que parasita o girassol (Müller-Stöver e Kroschel, 2005).

Como parasitas do solo, os *Fusarium ssp.* têm várias vantagens que os tornam úteis para uma abordagem de controlo biológico (Sauerborn et al., 2007). Estão protegidos de qualquer stress ambiental do ar. A sua natureza saprófita permite-lhes crescer tanto em meio líquido como em meio sólido, o que permite múltiplas aplicações: misturados com um meio de crescimento sólido (grãos de trigo, arroz ou milho), em grânulos contendo nutrientes ou na solução de rega (Boari et al., 2008). Além disso, a utilização de agentes telúricos de biocontrolo é favorecida pelo facto de a maior parte do ciclo de desenvolvimento da vassoura-de-bruxa ser subterrâneo.

As toxinas produzidas pelos fitopatógenos desempenham um papel importante no processo de patogenicidade e virulência (Goyer et al., 1998; Arnold et al., 2003; Kers et al., 2005). O *Fusarium ssp.* produz uma gama de compostos tóxicos, como o ácido fusárico (FA), fumonisinas, beauvercina, enniatina, monoliformina e tricotecenos (Abbas et al., 1991; Bacon e Hinton, 1996; Capasso et al., 1996; Zonno et al., 1996; Amalfitano et al., 2002; Idris et al., 2003; Hershenhorn et al., 2004). Várias destas toxinas mostraram actividades em plantas, incluindo a vassoura-de-bruxa, tais como necrose, clorose, inibição do desenvolvimento e inibição da germinação. Assim, são propostas como micoherbicidas contra a vassoura-de-bruxa (Hershenhorn et al., 2009). A avaliação da produção *in vitro* de tais metabolitos tóxicos fornece uma base para a seleção das estirpes mais agressivas (Amalfitano et al., 2002).

Foi sugerida a utilização de agentes de biocontrolo transformados com genes hipervirulentos, tais como genes que codificam a produção de toxinas (Gressel, 2002). O gene *NEP1* foi assim utilizado para aumentar a virulência de *F. arthrosporioides* contra *O. aegyptiaca* (Amsellem et al., 2002; Gressel et al., 2004).

1.5.1.3.3. As bactérias da rizosfera (rizóbios)

Os rizóbios associados às raízes das leguminosas podem induzir diferentes respostas de defesa (Hammerschmidt et al., 1982; Nicholson e Hammerschmidt, 1992; Liu et al., 1995). Gonsior et al. (2004) mostraram que a alteração do solo com certas estirpes de bactérias rizosféricas do tipo *Pseudomonas spp.* permite, após a ativação das defesas nas plantas hospedeiras, uma redução significativa da infeção do cânhamo e do tabaco por *Orobanche ramosa*.

Mabrouk et al., (2007a) também demonstraram em ervilha a indução de resistência a *O. crenata* por inoculação de certas estirpes compatíveis de *Rhizobium leguminosarum*. Estas bactérias não têm efeito direto sobre o parasita. Por outro lado, os exsudados radiculares da ervilha nodulada apresentam uma atividade menos estimulante no que diz respeito à germinação do parasita. Além disso, a nodulação induz a produção de compostos tóxicos, como o ácido gálico e a naringenina, que causam a necrose do parasita antes e depois da fixação (Mabrouk et al., 2007b).

1.5.1.4. Controlo integrado

Para um bom controlo da vassoura-de-bruxa, recomenda-se o estabelecimento de um programa de controlo integrado que introduza vários métodos de controlo (cultural, biológico e químico), porque até agora nenhum método isolado produziu resultados satisfatórios (Parker e Riches, 1993; Kharrat et al., 1998; Kebreab et Murdoch, 2001).

1.5.2. Resistência das plantas à vassoura-de-bruxa

As plantas confrontadas com as vassouras apresentam uma grande variabilidade nas suas respostas. Dentro da mesma espécie, a resposta pode variar desde a resistência total (interação incompatível) até à elevada sensibilidade (interação compatível). Muitas vezes, a resistência é apenas parcial e também se observam vários graus de tolerância. Do mesmo modo, a resistência tem sido frequentemente muito dependente de parâmetros ambientais (Ish-Shalom et al., 1994; Eizenberg et al., 2001).

O grau de resistência e tolerância das plantas à vassoura-de-bruxa é avaliado com base em vários parâmetros: o número total de vassouras fixadas por planta (Sillero et al., 1996b), o número de vassouras emergidas por planta (Gil et al, 1984; Gil et al., 1987; Cubero, 1991; Snelder et al., 1994; Qasem e Kasrawi, 1995; Sillero et al., 1996a; Rubiales et al., 2006) e rendimento da colheita sob infestação (Qasem e Kasrawi, 1995).

Análises genéticas mostram que a resistência à vassoura-de-bruxa é poligénica e caracterizada por baixa hereditariedade num grande número de plantas, incluindo *Fabaceae* e *Solanaceae* (Vranceanu et al., 1980; Haussmann et al., 2000; Rubiales et al., 2006). A resistência é de tipo horizontal e foram identificados QTLs de resistência envolvendo vários genes (Roman et al., 2002; Labrousse et al., 2004). A resistência à vassoura-de-bruxa é, portanto, um evento multifatorial (genético e fisiológico) cujos mecanismos diferem de acordo com a fase do processo de infeção (Perez-de-Luque et al., 2008).

1.5.2.1. Mecanismos de resistência muito precoces (antes do contacto e da fixação)

A germinação das sementes do parasita é induzida por estimulantes exsudados pelas raízes da planta hospedeira. Trabalhos recentes sobre mutantes produtores de estrigolactona (estimulantes da germinação) confirmam a estreita ligação entre a sensibilidade à vassoura-de-bruxa (e à striga) e a produção destas moléculas (Matusova et al., 2005; Gomez-Roldan et al., 2008; Sun et al., 2008; Umehara et al., 2008). Assim, em muitas espécies, a pesquisa de genótipos resistentes baseia-se essencialmente na caraterística "estimulante da germinação", como no feijão (Wegmann, 1986; Abbes et al., 2007), girassol (Labrousse et al., 2001), ervilha (Rubiales et al., 2003b) e grão-de-bico (Rubiales et al., 2003c).

Ao mesmo tempo, a seleção incide também em plantas com sistemas radiculares reduzidos ou profundos, a fim de reduzir a possibilidade de contacto com o parasita (Nassib et al., 1978; Cubero, 1983; Rubiales et al., 2003c; Perez-de-Luque et al., 2005c; Abbes et al., 2007).

1.5.2.2. Mecanismos de resistência na fase pré-haustorial

Em algumas plantas resistentes, observou-se um escurecimento dos tecidos do hospedeiro e/ou do parasita em torno do ponto de contacto, antes de a vassoura estabelecer uma ligação com os tecidos condutores do hospedeiro.

De facto, a penetração das células intrínsecas da vassoura pode ser bloqueada a três níveis diferentes: na casca da raiz, como se observa na ervilha, no feijão, no grão-de-bico (Perez-de-Luque et al., 2005b) e no girassol (Echevarria-Zomeno et al, 2006); ao nível da endoderme na ervilhaca e no feijão (Perez-de-Luque et al., 2005b); e no cilindro central, como em *Medicago truncatula* (Perez-de-Luque et al., 2007). Estas diferentes reacções de defesa parecem estar relacionadas com diferentes mecanismos de resistência.

Assim, foi demonstrado em girassóis resistentes que a progressão *do haustório* no parênquima cortical da raiz hospedeira é interrompida pelo estabelecimento de uma camada de encapsulamento em torno da zona de penetração do parasita (Dörr et al., 1994; Labrousse et al., 2001). O reforço parietal das células corticais pela acumulação de proteínas de ligação cruzada, calose e suberina também foi registado em girassol *(O. cumana)* e ervilha *(O. crenata),* (Echevarria-Zomeno et al., 2006; Perez-de-Luque et al., 2006a; Perez-de-Luque et al., 2007). Além disso, a acumulação e a secreção de compostos fenólicos tóxicos no apoplasto no ponto de infeção foram descritas no girassol (Serghini et al., 2001) e em M. *truncatula* (Lozano-Baena et al., 2007).

Ao nível da endoderme das leguminosas, a progressão das células intrusivas de *O. crenata* pode ser bloqueada pela lignificação das paredes endodérmicas (Perez-de-Luque et al., 2005b). Por outro lado, não se observa qualquer reforço parietal no cilindro central, exceto a acumulação de compostos fenólicos que são provavelmente tóxicos para o parasita (Perez-de-Luque et al., 2005b; Lozano-Baena et al., 2007).

1.5.2.3. Mecanismos de resistência na fase pós-haustorial

Uma vez que o parasita tenha estabelecido uma ligação vascular com o hospedeiro, constitui um forte poço de água e de nutrientes. Vários mecanismos de resistência podem então ocorrer, levando à necrose mais ou menos tardia das vassouras fixadas. Esta resistência tardia foi descrita no girassol (Dörr et al., 1994; Labrousse et al., 2001), no feijão (Zaitoun e Ter Borg, 1994) e na colza (Zehhar et al., 2003).

A necrose dos tubérculos da vassoura pode estar associada à presença de mucilagem (gel, goma) nos vasos do hospedeiro (Perez-de-Luque et al., 2005b; Perez-de-Luque et al., 2006b), que reduz o fluxo de água e nutrientes para o parasita. Este mecanismo é semelhante ao associado às doenças de murchidão e aos agentes patogénicos fúngicos vasculares (Vander-Molen et al., 1983; Beckman, 2000).

O envolvimento de outros mecanismos de resistência tardia, como a produção de compostos fenólicos tóxicos pela planta hospedeira e a entrega desses produtos ao parasita através do sistema vascular, também foi avançado (Perez-de-Luque et al., 2006c; Lozano-Baena et al., 2007). Do mesmo modo, os trabalhos de Letousey et al. (2007) e De Zelicourt et al. (2007) sugerem o envolvimento de uma defensina tóxica contra a vassoura-de-bruxa na necrose dos tubérculos de *O. cumana* no genótipo LR1 do girassol.

1.5.3. A resistência do tomateiro à vassoura-de-bruxa

A investigação de genótipos de tomateiro resistentes à vassoura-de-bruxa ainda não deu resultados apreciáveis (Dalela e Mathur, 1971; Abu-Gharbieh et al., 1978; Foy et al., 1988; Qasem e Kasrawi, 1995; Avdeyev et al., 2003). Foy et al., (1988) examinaram 1361 linhas relativamente à sua resistência a *O. aegyptiaca*. Nenhuma destas linhas apresentou diferenças significativas de resistência. No entanto, foi observado um grau variável de sensibilidade à vassoura-de-bruxa.

Dado que a variabilidade genética disponível nos tomates cultivados é muito baixa, a pesquisa de fontes de resistência à vassoura-de-bruxa em espécies selvagens aparentadas, com uma diversidade genética 10 vezes superior, pode ser uma solução interessante (Miller e Tanksley, 1990). De facto, Kasrawi e Abu-Irmaileh (1989) e Qasem e Kasrawi (1995) destacaram o bom nível de resistência a *O. ramosa* para os acessos LA1380, LA1599, LA1581 e LA1478 de *S. pimpinellifolium*. Esta resistência tem como resultado um número limitado de vassouras emergidas por planta. Do mesmo modo, El-Halmouch et al. (2006) demonstraram um bom nível de resistência a *O. aegyptiaca* para a espécie *Solanum pennellii* (menos para *O. ramosa*). Esta resistência é multifatorial, pois assenta principalmente numa atividade estimulante muito fraca dos exsudados radiculares em relação à germinação do parasita, mas também na indução da necrose das vassouras fixadas pela colocação de uma camada de encapsulamento à volta da zona de penetração do parasita, no reforço parietal por lenhificação e na oclusão dos vasos do xilema.

As técnicas convencionais de mutação também têm sido utilizadas para aumentar a variabilidade genética do tomateiro. Dor et al., (2006) conseguiram assim desenvolver uma linha mutante de tomateiro (ORT-10) resistente a *O. aegyptiaca*, *O. ramosa* e *O. cernua*. Esta resistência parcial é o resultado de uma baixa produção de estimulantes de germinação.

CAPÍTULO 2

2.1.1. Seleção de porta-enxertos de tomateiro quanto à sua sensibilidade à *vassoura-de-bruxa ramificada*

2.1.1.1. Material vegetal

Doze porta-enxertos comercializados, escolhidos em grande parte na base de dados SOLEN fornecida pelo CTIFL Carquefou (Beaufort Maxifort da De Ruiter, Heman, 42851 e 43965 da Syngenta; Brigeor da Gautier; Integro e Energy da Vilmorin; Body e Robusta da Siminis; Groundforce de Sakata, Eldorado de Enzazaden e La4135 de TGRC, EUA) e quinze porta-enxertos de tomateiro de investigação de Vilmorin (1052723, 1052724, 1052727, 1052728, 1052761, 1052768, 1052775, 1052776, 1052778, 1052786 , 1052788, 1052789, 1052791, 1052794, 1052796) resistentes a

doenças e parasitas do solo (quadro 5) foram confrontados com a vassoura-de-bruxa ramificada. A escolha do porta-enxerto La4135 (*S', lycopersicum* cv. VF36 x *S. pennellii* LA0716) explica-se pelo facto de *S. pennellii* apresentar uma resistência parcial à vassoura-de-bruxa (El-Halmouch, 2004). As sementes ramificadas de nespereira foram obtidas a partir de cestos florais de uma colheita de nespereira infestando uma parcela de colza (pathovar C, Saint-Martin-de-Fraigneau, Vendée, França, 2005).

2.1.1.2. Caracterização da capacidade germinativa dos lotes de sementes utilizados

As sementes de giesta ramificada são esterilizadas durante 5 minutos com hipoclorito de sódio (3,61%) e lavadas três vezes com água destilada estéril. São pré-condicionadas a 25°C durante 1 semana em papel de filtro humedecido com 5 mL de água destilada esterilizada numa placa de Petri (Ø 9cm) coberta com folha de alumínio. A germinação é então estimulada pela adição de 1 mL de GR_{24} (1 ppm), um análogo sintético do estrigol (estimulante natural). Quatro dias mais tarde, as sementes germinadas são contadas através da adição de 1 mL de Ponceau vermelho e depois enumeradas num microscópio binocular (Olympus SZX10).

As sementes de tomate são esterilizadas três vezes, durante 5 minutos, em hipoclorito de sódio (3,61%) e depois enxaguadas cinco vezes com água destilada esterilizada. Em seguida, são semeadas em papel de filtro humedecido com 5 ml de água destilada esterilizada numa placa de Petri (Ø 9 cm). São mantidas numa câmara de cultura a 25°C, 60 µmoles m^{-2} s^{-1} PAR e 16h de fotoperíodo. A percentagem de germinação é determinada após 3 a 10 dias, de acordo com os genótipos de tomate.

Quadro 5. Principais características e resistências dos porta-enxertos e das cultivares de tomate utilizadas para determinar o impacto dos porta-enxertos na produção e na qualidade do tomate em condições de não infestação e de infestação pela vassoura-de-bruxa;

TMV: Vírus do mosaico do tomateiro; For: *Fusarium oxysporum Radicis-lycopersici* (podridão da coroa); Fol: *Fusarium oxysporum lycopersici* raças 0 e 1 (1 e 2); CF: *Cladosporium fulvum;* CR: Corky Root *(Pyrenochaeta lycopersici);* V:

Porta-enxertos/Cultivares	Sociedade	Identidade híbrida	Códigos de resistência
Força terrestre	Sakata	*S. lycopersicum x Solanum sp.*	**HR** : TMV, V, Fol, N, CR, Rs
Integro	Vilmorin	*S. lycopersicum x S. hirsutum*	**HR** : TMV, V, Fol, N, CR, For
Energia	Vilmorin	*S. lycopersicum x S. lycopersicum*	**HR** : TMV, Fol, For ; **IR** : V, (N, CR)
Beaufort	Sementes De Ruiter	*S. lycopersicum x S. habrochaites*	**HR** : TMV, CR, N, V, Fol, For,
Maxifort	Sementes De Ruiter	*S. lycopersicum x S. habrochaites*	**HR** : TMV, V, Fol, For, CR, N
Corpo	Seminis	*S. lycopersicum x S. hirsutum*	**HR** : TMV, V, Fol, For, CF, CR, N, St
Robusta	Seminis	*S. lycopersicum x S. lycopersicum*	**HR** : TMV, V, Fol, For, CF, CR, N
Heman	Sementes Syngenta	*S. lycopersicum x S. habrochaites*	**HR**: For, Fol, TMV, V, CF; **IR**: N, CR
42851	Sementes Syngenta	*S. lycopersicum x S. habrochaites*	**HR**: For, Fol, TMV, V, CF; **IR**: N, CR
43965	Sementes Syngenta	*S. lycopersicum x S. habrochaites*	**HR**: For, Fol, TMV, V, CF; **IR**: N, CR
Eldorado	Enzazaden	*S. lycopersicum x Solanum sp.*	**HR** : TMV, CF, CR, V, Fol, For, N
Brigeor	Sementes de Gautier	*S. lycopersicum x Solanum sp.*	**HR** : TMV, Fol:2, For, V, N
La4135	TGRC	*S. lycopersicum cv. VF36 x S. pennellii LA0716*	Não disponível
15 Porte-greffes de recherche	Vilmorin	*S. lycopersicum x Solanum sp.*	Não disponível
Petula	Rijk Zwaan	*S. lycopersicum x S. lycopersicum*	**HR** : TMV, Fol, V (crescimento médio)
Durinta	Sementes ocidentais	*S. lycopersicum x S. lycopersicum*	**HR** : TMV, Fol, V (crescimento vigoroso)

2.1.1.3. Interacções entre o tomateiro e a vassoura-de-bruxa em vaso

As sementes de *O. ramosa* (10 mg L^{-1} solo, cerca de 3700 sementes) são misturadas com uma mistura de areia, argila e barro (1:1:1) num vaso de 3L. São preparados dez vasos infestados para cada porta-enxerto de tomate testado (n=10). A infestação do solo por *O. ramosa* e a homogeneização da mistura são efectuadas manualmente em cada vaso. Os vasos são regados e protegidos da luz por uma lona preta, e depois mantidos neste estado durante uma semana a 25°C para o pré-condicionamento das sementes de vassoura-de-bruxa. No final desta semana, três sementes de porta-enxertos de tomate são diretamente semeadas em cada vaso. Três semanas mais tarde, as plântulas são desbastadas para uma por vaso. Dez vasos de tomate não infestados (solo saudável) são colocados em paralelo para cada genótipo testado. Estas culturas são cultivadas em condições de estufa a 20-25°C durante o dia e 15-18°C durante a noite, 300 µmoles m^{-2} s^{-1} PAR e fotoperíodo de 16h. Os porta-enxertos cultivados são alimentados uma vez por semana (crescimento vegetativo) com uma solução nutritiva composta por 50% de solução de Coïc (Coïc e Lesaint, 1975). Os tomateiros são tratados, tutorados e os crescimentos laterais são retirados à medida que se desenvolvem. Foram efectuadas duas séries de culturas independentes, uma para porta-enxertos comerciais e outra para porta-enxertos de investigação. Os porta-enxertos mais interessantes foram reavaliados numa terceira série de seleção.

2.1.1.4. Recolha de dados experimentais

Após 4 meses de cultivo, as plantas são cuidadosamente retiradas. As vassouras (subterrâneas e emergidas) são colhidas, lavadas cuidadosamente debaixo de água e classificadas de acordo com o seu estádio de desenvolvimento (Labrousse et al., 2001): Estágio 1: fixação da plântula da vassoura nas raízes do hospedeiro; Estágio 2: formação do tubérculo; Estágio 3: aparecimento de raízes adventícias no tubérculo do parasita; Estágio 4: formação do caule (subterrâneo); Estágio 5: vassoura emergida nas flores - frutificação; Estágio 6: flores desbotadas - cápsulas maduras (Figura 7). O grau de suscetibilidade dos porta-enxertos é avaliado pelo número total de vassouras fixadas por planta (Sillero et al., 1996b), pelo número de vassouras emergidas por planta (Gil et al., 1984; Gil et al., 1987; Cubero, 1991; Snelder et al., 1994; Qasem e Kasrawi, 1995; Sillero et al., 1996a), assim como pela biomassa seca total de vassouras por planta (El-Halmouch, 2004). Paralelamente, o impacto do parasitismo nos porta-enxertos é estimado medindo a biomassa fresca e seca das raízes e das partes aéreas das plantas infectadas e sãs. As biomassas são medidas após secagem das amostras a 80°C durante 72 horas (El-Halmouch, 2004; Abbes, 2007).

Figura 7. Fases de desenvolvimento da vassoura-de-bruxa ramificada.

A (fase 1): fixação da plântula de vassoura nas raízes do hospedeiro. B (estádio 2): formação de tubérculos. C (fase 3): C1: crescimento do tubérculo e aparecimento de raízes adventícias no tubérculo; C2: raízes adventícias bem desenvolvidas no tubérculo do parasita. D (fase 4): formação do caule subterrâneo. E (fase 5): emergência da vassoura em flores - frutificação. F (estádio 6): flores desbotadas - cápsulas maduras. sc: revestimento da semente do parasita; rh: raiz da planta hospedeira; tu: tubérculo do parasita; ar: raízes adventícias do parasita.

2.1.2. Efeito da enxertia na suscetibilidade dos porta-enxertos à vassoura-de-bruxa ramificada e na produtividade do tomateiro

2.1.2.1. Material vegetal e condições de enxertia

Os porta-enxertos mais interessantes em termos de resistência à vassoura-de-bruxa foram enxertados em duas variedades de tomate (Durinta e Petula) pela empresa Brilland (Saint Sebastien sur Loire). A sementeira dos porta-enxertos é efectuada uma semana antes da enxertia. As sementes são semeadas sobre lã de rocha em pequenos vasos de 2 cm de diâmetro. As plantas crescem numa estufa (temperatura de 25°C durante o dia e de 20°C durante a noite, higrometria de 60%, iluminação de 800 watts m^{-2}). A seleção dos porta-enxertos e dos enxertos em função do seu vigor é feita uma semana após a sementeira. A enxertia é efectuada 15 dias após a sementeira do porta-enxerto, segundo a técnica de enxertia em tubo (Rivard e Louws, 2006): o porta-enxerto é cortado abaixo do primeiro par de folhas (cotilédones) (Figura 8a) . O enxerto é cortado acima dos cotilédones, deixando pelo menos uma folha bem desenvolvida (Figura 8b & c). Uma vez cortados o porta-enxerto e o enxerto, estes são unidos por um clipe de plástico para enxertia (Figura 8d), (Oda, 1995). As plantas enxertadas são mantidas no escuro durante 1 dia e depois sob iluminação (100 watts m^{-2}) 3 horas por dia durante 6 dias, sob uma humidade elevada (superior a 85%) e uma temperatura de 18-20°C. à noite e 22-25°C durante o dia. A partir do oitavo dia, o sucesso da enxertia é geralmente assegurado a 100% (figura 8e). As plantas enxertadas são transferidas para a estufa (temperatura de 20°C à noite e 25°C durante o dia, 60% de higrometria, iluminação de 800 watts m^{-2}). Após uma semana de aclimatação, as plantas são transplantadas para recipientes maiores (vaso de 3L) contendo uma mistura de areia-argila-limão (1:1:1) infestada ou não infestada com sementes de giesta (10 mg sementes L^{-1} solo, cerca de 3700 sementes). São preparados dez vasos infestados ou não infestados para cada porta-enxerto testado (n=10).

Figura 8. Diferentes etapas da enxertia.

a- corte do porta-enxerto abaixo dos cotilédones; b- corte do enxerto acima dos cotilédones, deixando pelo menos uma folha bem desenvolvida; c- fixação do enxerto no clipe de enxertia; d- união do enxerto e do porta-enxerto pelo clipe de enxertia; e- mudas de tomateiro enxertadas.

2.I.2.2. Condução e manutenção da cultura do tomate

Os tomateiros enxertados e não enxertados (figura 9a) são alimentados regularmente com uma solução nutritiva composta de 50% de solução de Coix (Coïc e Lesaint, 1975). Os tomateiros são dirigidos e tratados com fio de polipropileno por um gancho metálico (figura 9 bl & 2), que serve de suporte e optimiza o espaço. Para evitar que as plantas se enrolem no fio e se partam, são colocados clipes (de plástico) debaixo de uma folha ou de um ramo de flores (figura 9c1). Os clipes são bem fechados, enfiando o arame no travão dos clipes, com uma distância de 25 cm entre os clipes. Os tomateiros são também desbastados à medida que são retirados, removendo os rebentos nas axilas das folhas e nos tufos, a fim de orientar o seu desenvolvimento num único caule. Os suportes dos ramos (Figura 9c2) são colocados no momento da floração para reforçar o eixo da inflorescência e evitar o seu dobramento sob o peso dos frutos (fase avançada). O bouquet fica sobre o bouquet floral, entre os estádios 2ª flor aberta e 4ª flor aberta. As folhas desbotadas são progressivamente eliminadas (Ferrère et al., 1997). As plantas de tomateiro são vigiadas durante o seu desenvolvimento para evitar o ataque de parasitas nocivos.

Figura 9. Estaqueamento dos tomateiros.

a- vista geral dos tomateiros esticados. b- gancho metálico enrolado à medida com fio de polipropileno (b1) gancho preso ao teto da estufa (b2) lado livre do fio preso à base do caule do tomateiro. c- clipe utilizado para fixar o caule do tomateiro no fio (c1), reforço do caule do ramo em meia-lua (c2).

2.I.2.3. Recolha de dados experimentais

Quatro meses após a cultura e antes da colheita, foram medidos os parâmetros vegetativos e produtivos de cada tomateiro cultivado. Assim, foram determinados o número total de folhas, os ramos florais, os cachos frutíferos e os frutos (Pavlou et al., 2002; Yetisir e Sari, 2003; Abdelmageed et al., 2004; Khah, 2005).

Todos os frutos de todas as variedades testadas e de todos os estádios (verde, laranja, maduro) são colhidos. Para determinar o impacto da enxertia e do parasitismo na produtividade das variedades estudadas, foram medidos o número total e a massa total (fresca e seca) dos frutos colhidos por planta de tomate (Edelstein et al., 1999; Pavlou et al., 2002; Kacjan-Marsic e Osvald, 2004; Oka et al., 2004; Siguenza et al., 2005; Lopez-Perez et al., 2006; Martinez-Rodriguez et al., 2008; Venema et al., 2008).

As plantas de tomate (enxertadas e não enxertadas) são então cuidadosamente retiradas. As vassouras (subterrâneas e emergentes) são colhidas, lavadas cuidadosamente com água e classificadas de acordo com o seu estádio de desenvolvimento descrito anteriormente (Labrousse et al., 2001).

O grau de suscetibilidade do tomateiro enxertado (ou não enxertado) à vassoura-de-bruxa é avaliado pelo número total de vassouras fixadas por planta (Sillero et al., 1996b), pelo número de vassouras emergidas por planta (Gil et al, 1984; Gil et al., 1987; Cubero, 1991; Snelder et al., 1994; Qasem e Kasrawi, 1995; Sillero et al., 1996a), e pela biomassa total fresca e seca de vassouras por planta (El-Halmouch, 2004).

Paralelamente, o impacto da enxertia e do parasitismo no desenvolvimento do tomateiro é estimado através da medição da biomassa fresca e seca das raízes e da parte aérea vegetativa de plantas infectadas e sãs (Solt e Dawson, 1958; Mapelli e Kinet, 1992; Holbrook et al, 2002; Santa-Cruz et al., 2002; Yetisir e Sari, 2003; Abdelmageed et al., 2004; Ozbay e Newman, 2004; Peres et al., 2005; Martinez-Rodriguez et al., 2008).

A biomassa seca é medida após secagem da parte vegetativa e do fruto dos diferentes tomateiros a 80°C durante 72 horas (El-Halmouch, 2004; Khah, 2005; Peres et al., 2005; Abbes, 2007).

2.1.3. Traços estatísticos dos resultados

As análises estatísticas são efectuadas com o software SigmaStat versão 3.5. As comparações de médias são baseadas no teste de Student Newman Keuls (ANOVA, SNK, $P \leq 0,005$, n de 6 a 12). Para as percentagens de vassouras emergidas por planta, os resultados foram transformados ($arcsin^{-1}$ (raiz quadrada da razão)) antes de serem analisados como anteriormente.

CAPÍTULO 3

3.2.1. Introdução

A enxertia de tomateiro em porta-enxertos vigorosos melhorou significativamente os rendimentos (Augustin et al., 2002; Pogonyi et al., 2005). Além disso, a enxertia de tomateiro em porta-enxertos tolerantes a stresses abióticos (temperaturas extremas, salinidade, humidade, etc.) também foi eficaz na redução dos danos causados por estes constrangimentos ambientais (Black et al., 2003; Fernandez-Ballester et al., 2003; Ruiz et al., 2005; Colla et al., 2006). Do mesmo modo, a enxertia em porta-enxertos resistentes tornou-se uma técnica muito eficaz para controlar parasitas telúricos como fungos, bactérias, vírus e nemátodos (Scheffer, 1957; Pavlou et al., 2002; Giannakou e Karpouzas, 2003; Rivero et al., 2003a; Bletsos, 2005). Os ataques de vassoura são um importante fator limitante da produtividade do tomateiro na bacia mediterrânica. Vários métodos (químicos, biológicos, culturais...) foram propostos para controlar este parasita, mas a maior parte deles são insuficientes para o controlar. Tanto quanto sabemos, o interesse da enxertia no controlo da vassoura-de-bruxa não tinha sido avaliado antes deste trabalho.

Assim, este estudo propõe-se avaliar o comportamento de vários porta-enxertos resistentes aos parasitas telúricos em relação à vassoura-de-bruxa. Assim, o problema que se coloca é o de saber se as resistências transportadas pelos porta-enxertos são eficazes contra a vassoura-de-bruxa. Nesta primeira parte, será também determinado o impacto do parasitismo no desenvolvimento dos porta-enxertos.

Numa segunda fase, os porta-enxertos com comportamento discriminante (resistente, pouco sensível, muito sensível) serão enxertados com variedades produtivas. Ao contrastar as plantas enxertadas com a vassoura, o efeito da enxertia sobre o grau de suscetibilidade dos porta-enxertos, o desenvolvimento da vassoura, o vigor e a tolerância das variedades de tomate podem assim ser caracterizados. Este trabalho conduzirá igualmente a uma análise do impacto da enxertia no vigor e na produtividade do tomateiro em condições sãs.

3.2.2. Investigação de resistências à vassoura-de-bruxa entre porta-enxertos (comerciais e de investigação) resistentes a agentes patogénicos do solo

Todos os porta-enxertos (comerciais e de investigação) fornecidos por produtores internacionais de sementes foram analisados em estufas quanto à resistência à *Orobanche ramosa* durante três séries independentes de análise.

3.2.2.I. Primeira etapa dos rastreios

3.2.2.1.1. Seleção de porta-enxertos comerciais

Após 12 semanas de co-cultura, os porta-enxertos (Beaufort e Maxifort da De Ruiter, Heman, 42851 e 43965 da Syngenta, Brigeor da Gautier, Integro e Energy da Vilmorin, Body e Robusta da Siminis, Groundforce da Sakata, Eldorado da Enzazaden e La4135 da TGRC, EUA) foram depositados. O seu grau de sensibilidade à vassoura-de-bruxa é avaliado de acordo com três índices: número de vassouras emergidas por planta; número de vassouras fixadas por planta; biomassa seca total das vassouras fixadas (Figura 10).

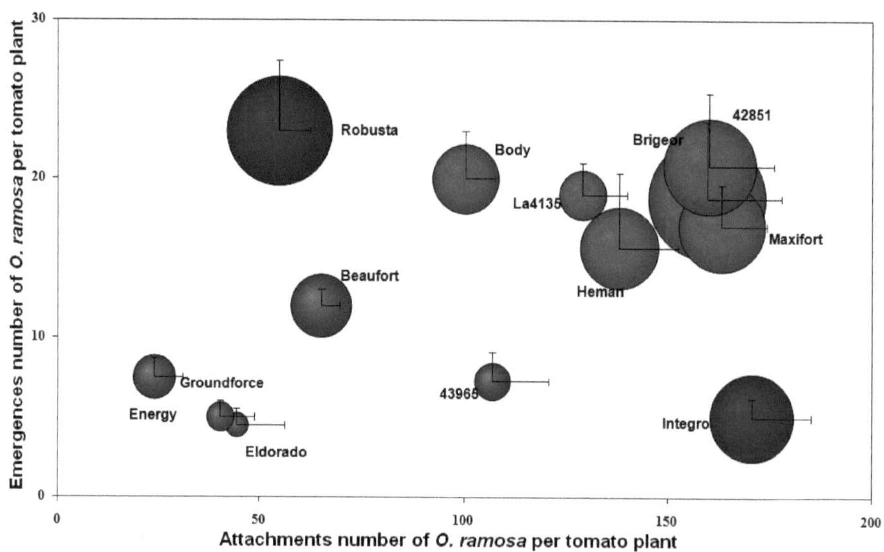

Figura 10. Avaliação da suscetibilidade à vassoura-de-bruxa ramificada de diferentes porta-enxertos comerciais de tomateiro

Valores são médias ± SE (ANOVA, SNK, P≤0,05, n=6). O tamanho dos círculos corresponde à massa seca total das vassouras fixadas pelo tomateiro. A verde: porta-enxertos menos sensíveis à vassoura-de-bruxa e menos favoráveis ao desenvolvimento do parasita. Estes porta-enxertos serão reavaliados numa segunda fase de seleção. A vermelho: porta-enxertos mais sensíveis à vassoura-de-bruxa e mais favoráveis ao desenvolvimento do parasita. Estes porta-enxertos não serão reavaliados durante a segunda fase de seleção. A azul: porta-enxertos considerados como controlo do comportamento em relação à vassoura-de-bruxa para a segunda fase de seleção.

No que diz respeito ao número de vassouras fixadas por planta, nenhum porta-enxerto é imune ao parasita. Este número varia de 24 a 171 consoante o porta-enxerto. Assim, os porta-enxertos testados podem ser separados em três grupos distintos de acordo com este parâmetro (ANOVA, SNK, P≤0,05, n = 6), com uma média de 150 fixações por planta para o primeiro grupo (Integro, Maxifort 42851, Brigeor, Heman e La4135), 120 para o segundo grupo (Heman, Body, 43965 e La4135) e 50 fixações para o último grupo (Beaufort, Robusta, Eldorado, Groundforce e Energy).

A contagem das emergências permite distinguir os genótipos pouco ou muito favoráveis ao desenvolvimento das giestas na pós-fixação. Os porta-enxertos desfavoráveis caracterizam-se por uma fraca relação número de galhas emergidas/número de galhas fixas. Assim, apesar de todos os porta-enxertos testados permitirem a emergência do parasita, distinguem-se três grupos de porta-enxertos quanto à percentagem de borbulhas emergidas (ANOVA, SNK, P≤0,05, n = 6): um primeiro grupo composto por Robusta (42%) e Energia (31%); um segundo grupo composto por todos os outros porta-enxertos exceto Integro (11,5% em média); e um terceiro grupo composto apenas pelo porta-enxerto Integral (2,6%). Os nossos resultados mostram claramente que a percentagem de emergências não está correlacionada com o número de fixações. Por exemplo, os porta-enxertos Eldorado e Robusta carregam um número semelhante de vassouras, mas diferem muito claramente na percentagem de emergências: assim, ao contrário do Eldorado, o Robusta é muito favorável ao desenvolvimento das vassouras. Uma distinção equivalente pode ser feita entre o Integro e o trio Brigeor, Maxifort e 42851. Assim, estes três últimos porta-enxertos são ao mesmo tempo muito sensíveis à vassoura-de-bruxa (elevado número de fixações) e muito favoráveis ao desenvolvimento do parasita (elevada percentagem de emergências). Ao contrário do Integro, eles demonstram assim uma forte capacidade de suportar o crescimento de um número muito elevado de vassouras.

A biomassa seca total de borbulha por planta pode também fornecer informações sobre essa capacidade. Os cinco grupos de porta-enxertos diferiram neste parâmetro, com uma biomassa seca de estolhos que varia entre 0,8 g de MS em média (Eldorado e Groundforce) e 3,4 g de MS para Brigeor e Robusta. A baixa biomassa de vassouras transportadas pelos porta-enxertos Eldorado e Groundforce pode ser explicada pelo número reduzido de vassouras fixadas e emergidas para estes genótipos.

Embora este primeiro rastreio não tenha revelado qualquer resistência à vassoura-de-bruxa, permitiu, no entanto, identificar genótipos muito sensíveis e muito menos sensíveis à vassoura-de-bruxa ramificada. Pelas suas características interessantes (número reduzido de aderências e de emergências e baixa massa total da vassoura-de-bruxa), o comportamento dos porta-enxertos Eldorado, Energy, Groundforce, Beaufort e 43965 foi reavaliado numa segunda série de rastreios. O mesmo se aplica ao Robusta e ao Integro, pois o seu comportamento muito diferente permite-lhes um bom controlo: O Robusta, pela elevada percentagem de emergências, e o Integro, pelo elevado número de ligações.

3.2.2.I.2. Seleção de porta-enxertos de investigação

Após 4 meses de cocultura, os diferentes porta-enxertos (1052723, 1052724, 1052727, 1052728, 1052761, 1052768, 1052775, 1052776, 1052778, 1052786, 1052788, 1052789, 1052791, 1052794, 1052796) foram despovoados. A sua sensibilidade à vassoura foi avaliada com base nos mesmos índices que anteriormente: número de vassouras fixas, número e percentagem de vassouras emergidas e massa seca total das vassouras fixas (figura 11).

À semelhança do observado para os porta-enxertos comerciais, nenhum dos porta-enxertos de investigação é imune ao parasita. Estes genótipos estão divididos em vários grupos (ANOVA, SNK, P<0,05, n=6). O primeiro grupo é composto apenas pelo porta-enxerto 1052723 (150 ligações). O segundo grupo é composto pelos porta-enxertos 1052724, 1052768 e 1052775 com 115 ligações em média por planta. Os restantes porta-enxertos constituem cinco grupos sobrepostos, com um número de ligações por planta que varia entre 46 e 83 ligações. De forma simplificada, os porta-enxertos parecem poder ser agrupados em três grupos de sensibilidade à vassoura-de-bruxa (limiares: 150, 115 e 65 pegamentos em média). A grande maioria dos porta-enxertos constitui o grupo com 65 galhas fixadas em média por planta.

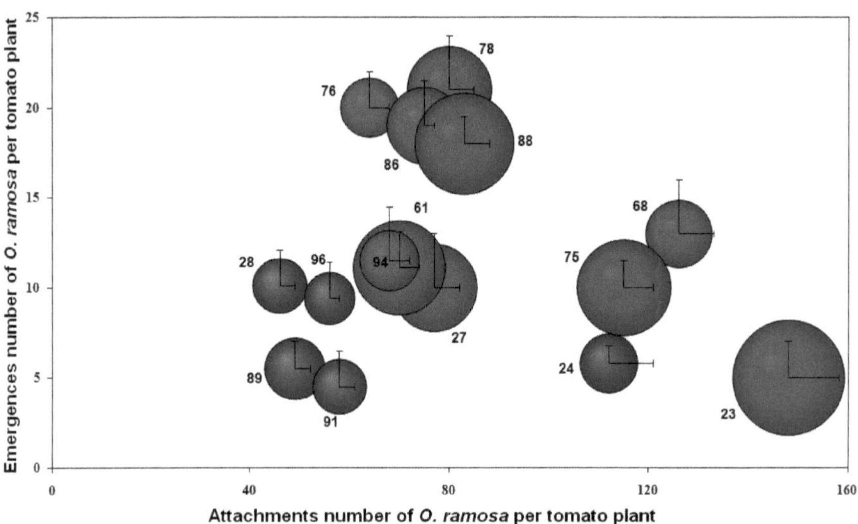

Figura 11. Avaliação da suscetibilidade à vassoura-de-bruxa ramificada de diferentes porta-enxertos (Vilmorin, 10527XX).

Valores são médias ± SE (ANOVA, SNK, P≤0,05, n=6). O tamanho dos círculos corresponde à massa seca total das vassouras fixadas por tomateiro. A verde: porta-enxertos menos sensíveis à vassoura-de-bruxa. O comportamento destes genótipos será reavaliado numa segunda fase de seleção. A vermelho: porta-enxertos muito sensíveis à vassoura-de-bruxa. Não serão reavaliados numa segunda fase de seleção.

Do mesmo modo, todos os porta-enxertos permitem a emergência do parasita. No entanto, alguns são mais aptos a favorecer o desenvolvimento do parasita na pós-fixação do que outros. Assim, a percentagem de emergência por planta discrimina cinco grupos de porta-enxertos (ANOVA, SNK, P≤0,05, n=6). O primeiro grupo é constituído apenas pelo porta-enxerto 1052723, que se caracteriza por uma percentagem de emergência muito baixa (3%). O segundo grupo é constituído pelos porta-enxertos 1052768, **1052789, 1052724, 1052791** e 1052775 (9% em média). O terceiro grupo (a) é constituído pelos porta-enxertos 1052727, 1052761, **1052796** e 1052794 (16% em média). O quarto grupo inclui os porta-enxertos 1052788, **1052728**, 1052786 e 1052778 (23%). Finalmente, o último grupo é constituído pelo porta-enxerto 1052776 (31%). Existem sobreposições entre os grupos 2 a 5.

A massa seca total das vassouras fixas também discrimina cinco grupos de porta-enxertos, com uma biomassa de vassoura que varia em média de 0,58 a 1 g de MS por planta de tomate.

O conjunto destes resultados mostra que os porta-enxertos 1052628, 1052689, 1052691 e 1052696 não são sensíveis (baixo número de vassouras fixadas por planta) e não favorecem a emergência do parasita (percentagem reduzida de emergências). O seu comportamento será reavaliado durante a última etapa de seleção. O mesmo se aplica ao porta-enxerto 1052624 que, pelo contrário, contém um número muito elevado de borbulhas, a grande maioria das quais não emergiu após 12 semanas de cultivo.

3.2.2.2. Segunda etapa dos rastreios

3.2.2.2.1. Avaliação do grau de sensibilidade dos porta-enxertos seleccionados

Esta reavaliação da sensibilidade dos porta-enxertos comerciais e de investigação (genótipos seleccionados) baseia-se nos mesmos indicadores de sensibilidade que anteriormente. Além disso, as medições da massa fresca e seca das raízes e das partes aéreas dos tomateiros após a amostragem das vassouras contribuirão para uma melhor caraterização dos genótipos de tomate testados. Estas medições, efectuadas em plantas de controlo não infestadas, permitirão também avaliar o impacto do parasitismo no desenvolvimento do porta-enxerto.

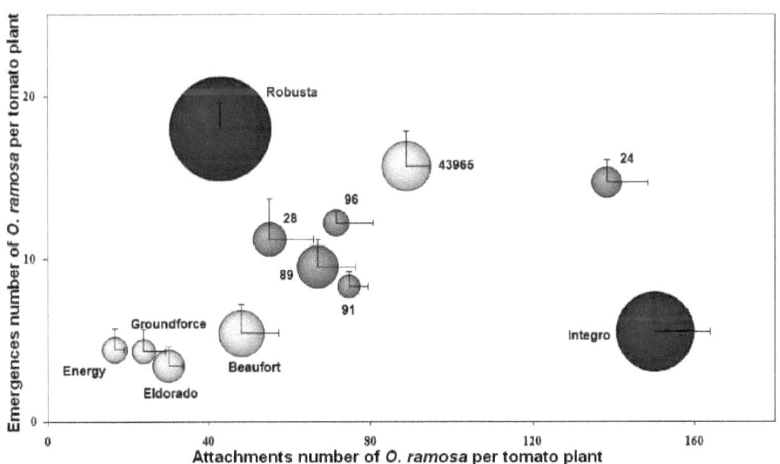

Figura 12. Reavaliação da sensibilidade de diferentes porta-enxertos comerciais e de investigação (Vilmorin, 10527XX).

Valores são médias ± SE (ANOVA, SNK, P≤0,05, n=6). O tamanho dos círculos corresponde à massa seca total das vassouras fixadas por tomateiro. Em verde claro: porta-enxertos comerciais. Em azul: porta-enxertos comerciais utilizados aqui como controlo do comportamento em relação à vassoura-de-bruxa. A vermelho: porta-enxertos de investigação.

Em primeiro lugar, esta segunda etapa de seleção confirma a sensibilidade dos porta-enxertos comerciais seleccionados para esta reavaliação (figura 12). Tendo em conta o número de ligações por planta, a interclassificação dos porta-enxertos é efetivamente respeitada em comparação com a primeira fase de seleção. Para este conjunto de 12 porta-enxertos comerciais e de investigação, o índice "número de vassouras fixadas por planta" discrimina cinco grupos de porta-enxertos (ANOVA, SNK, P≤0,05, n=6). O primeiro grupo é constituído apenas pelos porta-enxertos Energia, com uma média de 32 estacas fixadas por planta. O segundo grupo inclui também os porta-enxertos comerciais (Eldorado e Groundforce, com uma média de 40 estacas por planta). O terceiro grupo é constituído pelos genótipos 1052728, 1052789, 1052791, 1052796, Robusta e Beaufort (60 ligações em média por planta). O quarto grupo contém os porta-enxertos 43965, 1052728, 1052789, 1052791 e 1052796 (71 fixações em média por planta). Finalmente, o último grupo define os dois genótipos mais sensíveis (Integro e 1052724) com uma média de 144 fixações por planta. Estes resultados mostram que nenhum dos porta-enxertos de investigação é menos sensível do que os genótipos já comercializados Energy, Eldorado e Groundforce.

Da mesma forma, esta segunda etapa de seleção confirma o comportamento caraterístico dos porta-enxertos comerciais Robusta e Integro em termos de "compatibilidade com a emergência do parasita". Assim, o índice "percentagem de emergências por planta" discrimina claramente estes dois porta-enxertos (42% e 4%, respetivamente, ANOVA, SNK, P<0,05, n=6) dos outros porta-enxertos. Estes últimos distribuem-se em três outros grupos, com uma percentagem de emergências por planta que varia de 13 a 27%.

O Robusta é também o porta-enxerto com a maior massa de estolhos (2,7 g de MS por planta). Embora pouco numerosos em relação aos outros porta-enxertos, uma grande parte dos estolhos ligados a este porta-enxerto estão "completamente" desenvolvidos (emergência), o que resulta num elevado peso de estolhos. A massa de estolhos é igualmente elevada no Integro (2 g de MS por planta). Este facto explica-se pelo número muito elevado de parasitas fixados neste genótipo. Todos os outros porta-enxertos estão num terceiro grupo (0,9 g MS, ANOVA, SNK, P≤0,05, n=6).

3.2.2.2.2. Avaliação das duas etapas de rastreio

O grau de suscetibilidade dos porta-enxertos pode ser determinado através dos resultados das duas séries de rastreio (Quadro 6).

Tabela 6. Valores médios dos diferentes índices de suscetibilidade dos porta-enxertos calculados a partir de duas etapas de seleção.

Os valores são médias de 12 plantas por porta-enxerto (n=12). Por índice, valores com a mesma letra não são significativamente diferentes (ANOVA, SNK, P≤0,05, n=12)

Porta-enxerto	Número de anexos	Número de emergências	Matéria seca das giestas (g MS)
Integro	160,4[a]	5,3[b]	2,3[ab]
Robusta	48,9[de]	19,0[a]	3,0[a]
Beaufort	56,6[d]	8,7[ab]	1,6[bc]

Eldorado	37,3[de]	4,0[b]	0,8[c]
Energia	20,3[e]	6,0[b]	1,0[c]
Força terrestre	32,1[de]	4,7[b]	0,8[c]
43965	98,0[c]	11,6[ab]	1,2[c]
1052724	125,9[b]	10,3[ab]	0,7[c]
1052728	50,6[de]	10,7[ab]	0,7[c]
1052789	58,0[d]	7,5[b]	0,8[c]
1052791	66,4[d]	6,4[b]	0,6[c]
1052796	63,8[d]	10,8[ab]	0,6[c]

Entre os porta-enxertos testados, o Energy (porta-enxerto intraespecífico, híbrido F1 *S. lycopersicum* * *S. lycopersicum*) é o porta-enxerto menos suscetível à vassoura-de-bruxa, com uma média de 20 vassouras fixas por planta, das quais 30% em média emergiram após 4 meses de cultivo. Consequentemente, a massa total de estróbilos transportados por este genótipo é baixa (1,0 g de MS), resultando numa massa média de 50 mg de MS por estróbilo.

O Robusta é também um porta-enxerto intraespecífico (F1, *S. lycopersicum* * *S. lycopersicum). Por* outro lado, difere do Integro não só por uma sensibilidade duas a três vezes maior à vassoura-de-bruxa (49 vassouras fixadas por planta), mas também por uma maior capacidade de suportar o desenvolvimento do parasita (39% de emergências após 4 meses de cultura) (Figura 13). A massa total de nêsperas por planta é assim muito elevada (3,0 g por planta), resultando num peso médio de 61 mg de MS por nêspera.

Figura 13. Surgimento maciço de broomrapes em porta-enxertos de Robusta.

O porta-enxerto Integro (genótipo interespecífico F1, *S. lycopersicum* * *S. hirsutum)* é o genótipo mais sensível, com uma média de 160 orobanches por planta, dos quais apenas 5 emergiram após 4 meses de cultura (3% de emergências). Este conjunto de orobancas representa uma massa total de 2,3 g de MS por planta, resultando numa massa média de 14 mg de MS por vassoura. Por conseguinte, as vassouras fixam-se em grande número neste porta-enxerto mas desenvolvem-se muito pouco (figura 12), o que se deve muito provavelmente a uma forte competição nutricional entre as vassouras. Resultados semelhantes são encontrados no porta-enxerto de investigação 1052724 (126 fixações, 8% de emergência, 6 mg de MS por nêspera).

Além disso, este porta-enxerto de investigação distingue-se dos outros quatro genótipos de investigação. Estes últimos têm características equivalentes: em média, 60 borbulhas fixas por planta, 9% de emergência, 7 mg de MS por borbulha.

3.2.2.2.3. Influência da massa radicular dos porta-enxertos no seu grau de sensibilidade à vassoura-de-bruxa

Com exceção do porta-enxerto mais sensível, Integro, a massa radicular do porta-enxerto tende a condicionar o número de orobancas fixas (Figura 14, r^2 =0. 6). Assim, estes porta-enxertos apresentam uma média de 19 orobâncos fixos por g DM de raízes (19,14 ± 5,95). A dimensão do sistema radicular influencia tanto a superfície de contacto com o parasita como, presumivelmente, a intensidade de produção dos estimulantes de germinação das sementes de nêspera. Para o Integro, a relação "número de vassouras fixas/massa radicular" é maior, cerca de 50. Este resultado sublinha uma densidade de borbulhas fixadas nas raízes do porta-enxerto Integro duas a três vezes superior à observada nos outros porta-enxertos.

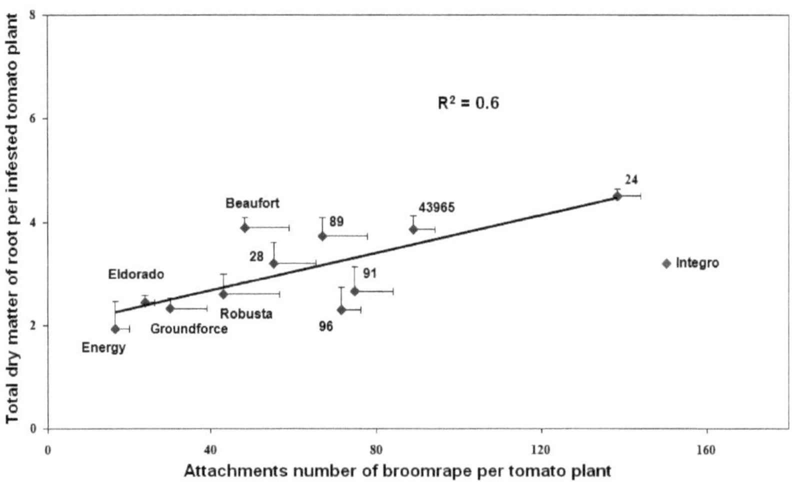

Figura 14. Relação entre a massa seca total das raízes dos porta-enxertos de tomateiro e o número de brócolos fixados por planta.

3.2.2.2.4. Impacto do parasitismo no desenvolvimento dos porta-enxertos

O impacto negativo do parasitismo na MS total dos 12 porta-enxertos testados na segunda etapa de seleção é mostrado na Figura (15). Parece que a perda total de MS de um porta-enxerto está positivamente correlacionada com a MS total das vassouras fixas. Assim, a maior perda de MS é observada para o genótipo Integro. Em média, 1g de MS da vassoura causa uma perda de 17g de MS para o porta-enxerto. Estes resultados confirmam que as vassouras actuam como poços adicionais para os porta-enxertos e mostram que nenhum dos porta-enxertos testados compensa o desvio de MS do parasita.

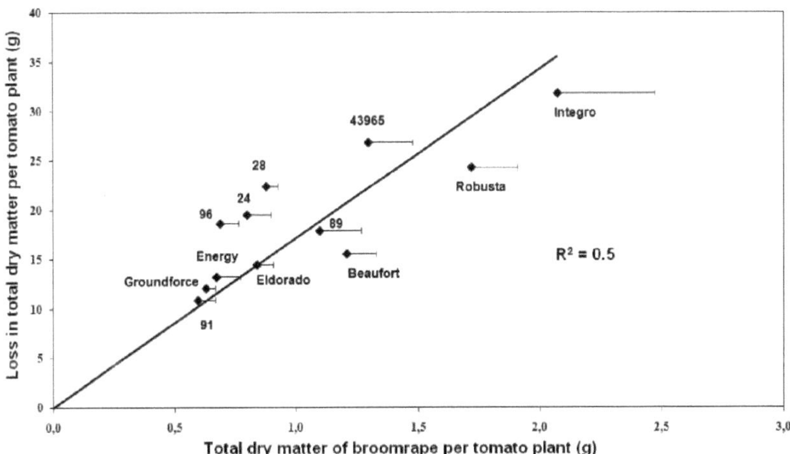

Figura 15. Correlação entre a perda de matéria seca total dos diferentes porta-enxertos e a matéria seca total das vassouras fixas. Os dados correspondem à média ± SE (n=6).

Assim, a MS total dos porta-enxertos é muito reduzida em resposta à vassoura-de-bruxa. A redução percentual da MS total variou de 59% para o Eldorado a 81% para o Robusta (quadro 7). Qualquer que seja o porta-enxerto, o impacto do parasitismo é mais forte no desenvolvimento das partes aéreas vegetativas do que no sistema radicular. Consequentemente, a infestação afecta negativamente a relação parte aérea/raiz dos porta-enxertos (Figura 16), indicando uma alteração na alometria da planta como resultado da atribuição preferencial de matéria seca aos órgãos subterrâneos. As alterações mais importantes são observadas nos porta-enxertos Integro, Robusta, 1052724, 1052728 e 1052789. Estes resultados estão em consonância com os de Press, (1995) e Barker et al., (1996) que sublinham a redução da capacidade fotossintética e da relação parte aérea/raiz dos tomateiros parasitados pela espécie *O. aegyptiaca.* Tal impacto parece ser uma resposta comum às plantas que são parasitadas pela vassoura-de-bruxa (Graves, 1995; Barker et al., 1996). No entanto, o grau em que o parasita afecta a massa e a alometria das plantas depende de factores bióticos (genótipos da planta hospedeira e do parasita) e de factores abióticos (ataques precoces do parasita, condições de cultivo, etc.) demonstrados para a Striga, outra planta parasita do epirito (Pieterse e Verkleij, 1991; Cechin e Press, 1993).

Quadro 7. Impacto do parasitismo no desenvolvimento dos diferentes porta-enxertos.

Os valores são médias de 6 plantas por porta-enxerto. Por parâmetro, os valores com a mesma letra não são significativamente diferentes (ANOVA, SNK, P≤0,05, n=6). DM: matéria seca; R: raízes; VAP: parte aérea vegetativa.

Porta-enxerto	Não parasitado		Parasitado		% de redução		
	DM. R	DM. PAV	DM. R	DM. PAV	DM. R	DM. PAV	Total
Integro	7,8[a]	32,40[ab]	3,20[abc]	5,20[bcd]	59	84	79
Robusta	5,51[a]	24,50[bc]	2,60[bc]	3,0[d]	53	87	81
Beaufort	8,69[a]	14,83[c]	3,89[ab]	4,07[cd]	55	73	66
Eldorado	4,94[a]	19,64[c]	2,32[bc]	7,79[b]	53	60	59
Energia	4,17[a]	17,73[c]	1,93[c]	6,75[bcd]	54	62	60
Força terrestre	5,1[a]	15,11[c]	2,44b[c]	5,70b[c]	52	62	60
43965	7,5[a]	36,32[a]	3,86[ab]	13,20[a]	49	64	61
1052724	7,55[a]	24,40b[c]	4,50[a]	7,96[b]	40	67	61
1052728	4,82[a]	33,10[ab]	3,20[abc]	12,32[a]	34	63	59
1052789	6,23[a]	22,47[bc]	3,73[ab]	7,09[b]	40	68	62
1052791	5,5[a]	13,63[c]	2,66[bc]	5,60[bcd]	52	59	57
1052796	5,6[a]	21,57[c]	2,30[bc]	6,33[bc]	59	71	68

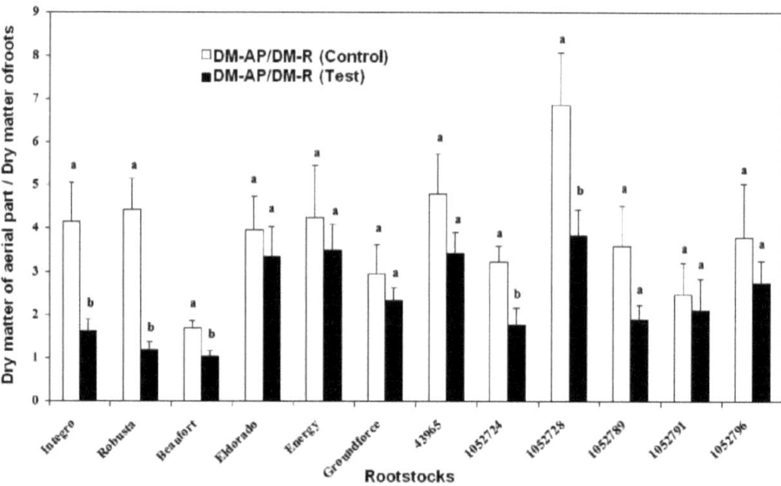

Figura 16. Efeito do parasitismo sobre a relação: matéria seca da parte aérea/massa seca das raízes dos diferentes porta-enxertos.

MS: matéria seca total; Ap: parte aérea; R: raízes; Controlo: porta-enxertos não infestados; Teste: porta-enxertos infestados pela vassoura-de-bruxa. Os valores representam as médias ± SE. Por porta-enxerto, valores com a mesma letra não foram significativamente diferentes (ANOVA, SNK, P≤0,05, n=6).

3.2.2.3. Conclusões e perspectivas da seleção de porta-enxertos quanto à sua suscetibilidade à vassoura-de-bruxa

Este estudo não revelou nenhuma fonte de resistência e tolerância à vassoura-de-bruxa entre os vários porta-enxertos testados. Todos os genótipos testados são sensíveis e apresentam uma perda significativa de biomassa aquando da infestação. Isto invalida a hipótese de uma possível transferência de resistência aos parasitas telúricos para a vassoura-de-bruxa. Assim, os genes de resistência aos diferentes agentes patogénicos do solo transportados pela maioria dos porta-enxertos testados (como os genes *Tm, Cf, Ve, Sm, l, Frl* e *Mi*, quadros 2 e 5) não são activos para a aquisição de resistência à vassoura-de-bruxa.

Este trabalho permitiu, no entanto, avaliar a variabilidade genética de uma parte dos materiais de investigação da empresa Vilmorin no que diz respeito à sensibilidade à vassoura-de-bruxa ramificada. Esta variabilidade revelou-se muito baixa, daí o interesse extremamente limitado deste material para o desenvolvimento de novos genótipos com um comportamento interessante face à *O. ramosa. Por* outro lado, a variabilidade genética dos porta-enxertos comerciais é mais importante, uma vez que o grau de sensibilidade determinado pelo número de vassouras fixadas por planta varia de um fator de 1 para o Energy a 8 para o Integro. O Energy é um porta-enxerto intraespecífico (híbrido F1 *L. esculentum* X *L. esculentum*). Por outro lado, o Integro é um porta-enxerto interespecífico (híbrido F1, *S. lycopersicum * S. hirsutum).* A suscetibilidade acrescida deste porta-enxerto pode dever-se ao progenitor *S. hirsutum,* de que vários acessos se revelaram muito sensíveis à vassoura-de-bruxa ramificada (El-Halmouch, 2004). Este estudo mostrou também que, com exceção do Integro, o grau de suscetibilidade dos porta-enxertos é condicionado pela sua biomassa radicular. Assim, este resultado sugere, por exemplo, que a menor sensibilidade da Energia pode ser explicada por uma menor área de contacto com as sementes do parasita e/ou uma produção mais limitada de estimulantes de germinação. Assim, uma perspetiva interessante para este trabalho seria avaliar o poder estimulante dos exsudatos radiculares dos porta-enxertos em relação à germinação das sementes de *O. ramosa* e compará-los ao grau de sensibilidade destes genótipos. Também se deve compreender porque é que o Integro tem uma densidade de parasitas nas suas raízes significativamente mais elevada do que os outros porta-enxertos. A este respeito, uma análise da dinâmica da infestação dos porta-enxertos de *O. ramosa* em condições de cultura *in vitro* permitiria obter indicadores complementares de sensibilidade adicionais, tais como a percentagem de sementes germinadas perto das raízes e a proporção de sementes germinadas que se fixam com sucesso nas raízes do hospedeiro. De facto, o número de borbulhas fixas depende tanto do nível de sementes germinadas de borbulhas como da taxa de borbulhas germinadas que penetram no córtex da raiz do hospedeiro e se fixam nos tecidos condutores (Fernandez-Aparicio et al., 2007).

Este estudo vem juntar-se a vários outros estudos destinados a encontrar fontes de resistência à vassoura-de-bruxa num grande número de genótipos de tomateiro (Dalela e Mathur, 1971; Abu-Gharbieh et al., 1978; Foy et al., 1988; Qasem e Kasrawi, 1995; Avdeyev et al., 2003). O estudo mais importante é o de Foy et al., (1988) que avaliou a sensibilidade de 1361 genótipos de *Lycopersicon*, sem identificar genótipos resistentes. Como em muitas outras espécies cultivadas, a resistência à vassoura-de-bruxa ramificada é, portanto, rara, ou mesmo muito rara, no tomateiro. Até à data, a linha mais promissora para a resistência a *O. ramosa* foi obtida na Rússia (PZU-11) (Avdeyev e Scherbinin, 1977), e é utilizada na seleção para introduzir a resistência à vassoura-de-bruxa em variedades de tomate para produção no sul da Rússia (Avdeyev et al., 2003). No entanto, esta resistência parece ineficaz noutras regiões de produção (Foy et al., 1987). Os trabalhos de El-Halmouch (2004) e Qasem e Kasrawi, (1995) concordam em registar níveis elevados de resistência entre alguns acessos de tomate selvagem. Esta resistência baseia-se na baixa atividade estimulante dos seus exsudados radiculares contra a germinação das sementes do parasita (El-Halmouch, 2004; El-Halmouch et al., 2006). Estas são assim propostas como fontes de resistência para os programas de seleção. Ao mesmo tempo, o esforço deve ser concentrado no rastreio de acessos selvagens para a identificação e caraterização de resistências. Finalmente, a fim de aumentar a variabilidade genética do tomateiro, foi também criado um grande número de mutantes de tomateiro por mutagénese EMS (sulfanato de etil metano), que foram depois testados no campo ou infestados artificialmente para deteção de resistência à vassoura-de-bruxa ramificada (Kostov et al., 2007). Assim, foram obtidos alguns mutantes caracterizados por um número muito menor de emergências por planta do que as linhas parentais (Hershenhorn, 2006; Kostov et al., 2007). Os mecanismos de resistência envolvidos não estão caracterizados (ou disponíveis) até à data.

3.2.3. Efeito da enxertia na suscetibilidade do porta-enxerto à vassoura-de-bruxa e na produtividade da variedade de tomate

As análises anteriores mostraram que o desenvolvimento dos estolhos pós-fixação é limitado para certos porta-enxertos (Eldorado e Integro, por exemplo) em comparação com outros (Maxifort e Robusta, por exemplo). O crescimento subterrâneo das vassouras que leva à sua emergência depende assim da competição entre os órgãos-alvo específicos do porta-enxerto (parte aérea vegetativa e frutos, nomeadamente) e as vassouras fixas, bem como entre as próprias vassouras. É portanto interessante analisar o impacto da enxertia nestas relações inter-alvéolos, que podem levar a uma limitação do desenvolvimento das vassouras fixas, ou mesmo a uma redução da sensibilidade das plantas enxertadas, e portanto a um ganho de produtividade sob infestação.

Os porta-enxertos Eldorado, Integro e Maxifort foram seleccionados pelas suas características discriminatórias em termos de sensibilidade à vassoura-de-bruxa (Eldorado/Integro e Eldorado/

Maxifort) e de "capacidade de suportar a emergência do parasita" (Eldorado/Maxifort e Integro/Maxifort) (Figura 10). A enxertia foi efectuada através de um serviço com a Sociedade Brilland. Assim, a disponibilidade de lotes de sementes certificadas foi também um argumento importante na escolha dos porta-enxertos e das variedades de enxertos (Durinta e Petula).

3.2.3.1. Efeito da enxertia na suscetibilidade do porta-enxerto à vassoura-de-bruxa

Após 4 meses de cultura sob infestação dos diferentes tomateiros enxertados (Durinta/Eldorado, Durinta/Maxifort, Durinta/Integro, Petula/Eldorado, Petula/Maxifort e Petula/Integro) e não enxertados (Durinta, Petula, Eldorado, Maxifort e Integro), a sua suscetibilidade à vassoura-de-bruxa foi avaliada segundo os mesmos indicadores que os utilizados para a seleção dos porta-enxertos: número de cigarrinhas fixadas e emergidas por planta e DM total de cigarrinhas fixadas por planta (Figura 17).

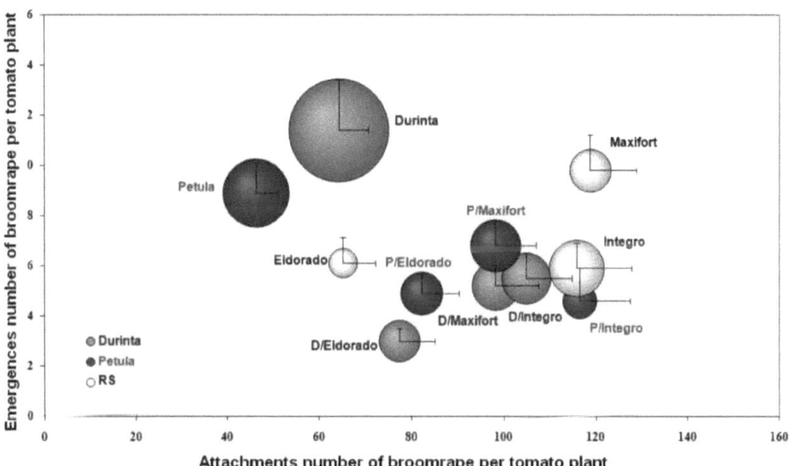

Figura 17. Impacto da enxertia na suscetibilidade à vassoura-de-bruxa ramificada de diferentes genótipos de tomateiro.

Os valores são a média ± SE (n=6). O tamanho dos círculos corresponde à massa seca total das vassouras fixadas por planta de tomate. Em violeta: a variedade Petula não enxertada e enxertada nos diferentes porta-enxertos. Em azul: a variedade Durinta não enxertada e enxertada nos diferentes porta-enxertos. Em amarelo: os porta-enxertos (RS: Eldorado, Maxifort e Integro)

3.2.3.1.1. Avaliação da sensibilidade de diferentes genótipos não enxertados

Em função do número de vassouras fixadas e emergidas por planta, o posicionamento relativo dos três porta-enxertos Eldorado, Integro e Maxifort é respeitado em comparação com a primeira série de seleção de porta-enxertos (figura 17), verificando-se, no entanto, uma aproximação da posição relativa dos porta-enxertos (Eldorado: 60 fixações por planta em vez de 37, em média, na primeira série de seleção, Integro e Maxifort: 120 ligações por planta em vez de 160, cm média, na primeira série de seleção). Por outro lado, o número de vassouras surgidas nas plantas Eldorado e Integro permanece equivalente e baixo em comparação com o da Maxifort. No entanto, este diferencial é menor aqui do que na primeira série de seleção, devido ao maior número de emergências na Maxifort na primeira série de seleção. O mesmo se passa com a matéria seca total das giestas fixadas na Maxifort.

A análise de variância (ANOVA, SNK, P≤0,05, n=10) coloca as variedades Durinta e Petula no mesmo grupo de sensibilidade à vassoura-de-bruxa que o porta-enxerto Eldorado, com uma média de 63 vassouras fixas por planta. Assim, este grupo é estatisticamente distinto do grupo de genótipos mais sensíveis à vassoura-de-bruxa e composto nomeadamente pelos porta-enxertos Maxifort e Integro, com uma média de 109 fixações por planta. Por outro lado, em termos de percentagem de emergências, as variedades Petula e Durinta definem por si só o grupo de genótipos mais favoráveis à emergência do parasita (em média 20% de emergências por planta). Em contrapartida, os porta-enxertos Eldorado, Integro e Maxifort caracterizam-se por uma percentagem muito mais baixa de emergência da vassoura por planta (7% em média). Por fim, a variedade Durinta distingue-se da variedade Petula e dos três porta-enxertos por uma massa total de vassoura fixa mais importante. Estes resultados atestam o bom desenvolvimento da vassoura-de-bruxa nesta variedade.

3.2.3.1.2. Avaliação da sensibilidade das variedades enxertadas Durinta e Petula

Com base nas análises de variância de todas as variedades não enxertadas, variedades enxertadas e porta-enxertos, são constituídos dois grupos de sensibilidade não sobrepostos (ANOVA, SNK, P≤0,05, n=10, Figura 17): O primeiro grupo é constituído pelos porta-enxertos Petula, Durinta, Eldorado, Durinta/Eldorado e Petula/Eldorado, com uma média de 63 vassouras fixadas por planta; Maxifort, Durinta/Integro, Petula/Integro e Durinta/Maxifort (uma média de 109 fixações por planta) constituem o segundo grupo. As plantas enxertadas em Petula/Eldorado sobrepõem-se a estes dois grupos.

Em termos de emergência, as análises de variância de todas as variedades não enxertadas, variedades enxertadas e porta-enxertos constituem dois grupos de plantas (ANOVA, SNK, P≤0,05, n=10, Figura 17): Um primeiro grupo composto por Durinta e Petula (20% de emergência por planta) e um segundo grupo constituído por todos os porta-enxertos e variedades enxertadas (<10% de emergências por planta).

Assim:

- A enxertia das duas variedades Durinta e Petula no Eldorado, o porta-enxerto menos sensível, não altera a sensibilidade deste porta-enxerto (número de pegamentos por planta), mas induz uma redução significativa da percentagem de porta-enxertos, de borbulha emergida e da matéria seca total de borbulha fixada por planta.

- A enxertia das duas variedades Durinta e Petula sobre os porta-enxertos mais sensíveis, Integro e Maxifort, não altera significativamente a sensibilidade destes porta-enxertos (número de pegamentos por planta), mas induz também uma redução da percentagem de estolhos emergidos. A matéria seca total dos estolhos fixados é significativamente reduzida após a enxertia da variedade Durinta em Eldorado e Maxifort. Esta influência do porta-enxerto não é detectada para a variedade Petula.

Estes resultados mostram que para as plantas enxertadas no nosso estudo:

- A sua sensibilidade é condicionada pela do porta-enxerto.

- O enxerto (variedade) não afecta significativamente o grau de suscetibilidade do porta-enxerto.

- A enxertia, independentemente da suscetibilidade do porta-enxerto ao parasita, leva a um abrandamento do desenvolvimento dos borrachudos fixos (percentagem de emergências e massa total de borrachudos reduzidos).

No caso de uma infestação intensa de plantas enxertadas devido a um porta-enxerto muito sensível (Integro ou Maxifort), a competição trófica entre as vassouras fixas poderia explicar em parte o desenvolvimento mais lento das vassouras pós-fixação. Como resultado da enxertia, uma modificação das relações fonte-dreno a favor do enxerto (aumento do vigor e/ou da produtividade) também contribui certamente (ver o próximo capítulo).

No que diz respeito à influência da enxertia na suscetibilidade do porta-enxerto aos agentes patogénicos do solo, é interessante discutir, por exemplo, o trabalho de Lopez-Perez et al. (2006) sobre a resistência do tomateiro enxertado aos nemátodos. Este trabalho demonstrou que a enxertia de variedades hipersensíveis num porta-enxerto resistente (Beaufort) conduz a um aumento da produtividade dos frutos (aumento da tolerância), com um maior grau de sensibilidade do porta-enxerto. O porta-enxerto resistente permitiu a produção de plantas enxertadas tolerantes. Assim, estes resultados diferem dos nossos no sentido em que mostram uma influência significativa do enxerto no grau de resistência (ou de sensibilidade) dos porta-enxertos aos nemátodos. O trabalho de Siguenza et al. (2005) sobre o interesse da enxertia de melão com um porta-enxerto resistente aos nemátodos conduziu às mesmas observações.

3.2.3.2. Efeito da enxertia no desenvolvimento e na produtividade do tomateiro em condições de não infestação

A análise biométrica das plantas enxertadas e não enxertadas foi efectuada após 4 meses de cultivo e antes da colheita. Os parâmetros medidos são o número total de folhas, os ramos florais, os cachos de frutificação e os frutos por planta. Todos os frutos (em todas as fases: verde, laranja e maduro) foram colhidos e a sua massa total (fresca e seca) por planta foi medida. O mesmo se aplica à matéria fresca e seca das raízes e das partes aéreas vegetativas.

3.2.3.2.1. Caracterização das variedades Durinta e Petula (não enxertadas)

As variedades de tomate não enxertado Petula e Durinta apresentam características diferentes de crescimento vegetativo e produtividade (quadro 8). A variedade Durinta apresenta um número total e uma massa total de frutos frescos por planta significativamente superiores aos da variedade Petula. Por outro lado, os resultados tendem a mostrar que os órgãos vegetativos (raízes e partes aéreas) da variedade Petula são mais desenvolvidos do que os da Durinta (diferenças não significativas, ANOVA, SNK, P≤0,05, n=10) .

Quadro 8. Comparação dos indicadores de desenvolvimento e produtividade de duas variedades de tomate não enxertadas, Durinta e Petula, em condições de não infestação.

Para cada parâmetro, valores com a mesma letra não são significativamente diferentes (ANOVA, SNK, P≤0,05, n=10). FM-F: matéria fresca total dos frutos (g); FM-AP: matéria fresca total das partes aéreas (g); FM-R: matéria fresca da raiz.

Variedades	Nº Folhas	Nº Bouquets florais	Sem clusters	Nº Frutos	FM-F	FM-AP	FM-R
Durinta	24,0[a]	5,9[a]	3,9[a]	**13,9[a]**	**245,6[a]**	78,3[a]	17,6[a]
Petula	23,0[a]	5,7[a]	2,4[a]	**5,0[b]**	**163,4[b]**	105,3[a]	24,3[a]

3.2.3.2.2. Efeito da enxertia na variedade Durinta

Independentemente do porta-enxerto, a enxertia da variedade Durinta não induz qualquer alteração no número de folhas, ramos florais e cachos de frutos (Figura 18). Por outro lado, tende a reduzir a produtividade, não só em termos de número de frutos por planta (14 frutos para a Durinta não enxertada, 9 frutos para a Durinta/Eldorado, 12 frutos para a Durinta/Maxifort e 10 frutos para a Durinta/Integro), mas também em termos de massa fresca total dos frutos (246 g para a Durinta não enxertada, 196 g para a Durinta/Eldorado, 161 g para a Durinta/Maxifort e 170 g para a Durinta/Integro), (Figura 18). Ao mesmo tempo, a enxertia tende a favorecer o desenvolvimento dos órgãos vegetativos, nomeadamente um aumento da matéria fresca das partes aéreas (78 g para a Durinta não enxertada e 121 g para a Durinta enxertada). De notar que estas diferenças não são significativas com o teste escolhido para a análise das variâncias (ANOVA, SNK, P≤0,05, n=10). No entanto, de todos estes resultados resulta claro que a enxertia da variedade Durinta não proporciona um benefício em termos de produtividade em condições de não infestação pela vassoura-de-bruxa (Figura 19). Por outro lado, a enxertia da Durinta induz um aumento significativo da relação DM partes vegetativas/DM frutos por um fator de dois (Quadro 9), e tende a aumentar o vigor das plantas de tomate.

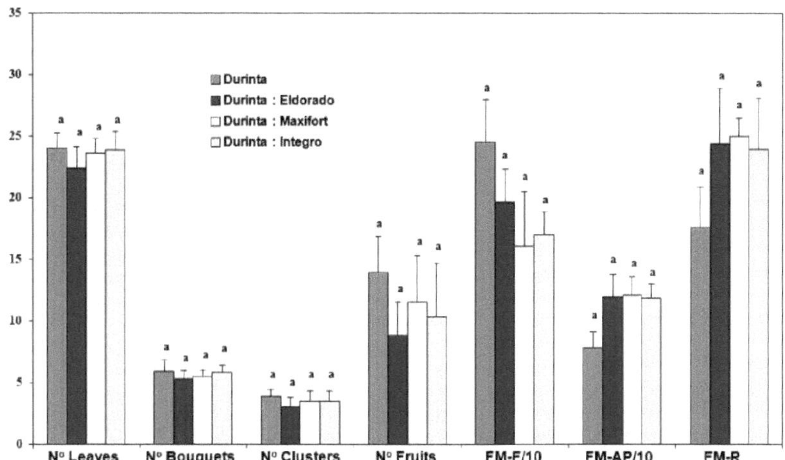

Figura 18. Impacto da enxertia da variedade de tomate Durinta em diferentes indicadores de desenvolvimento e produtividade em condições de não infestação.

Os dados são a média ± SE (n=10). Para cada parâmetro, os valores com a mesma letra não são significativamente diferentes (ANOVA, SNK, P≤0,05, n=10). FM-F / 10: um décimo da matéria fresca total do fruto (g); FM-AP/10: um décimo da matéria fresca total das partes aéreas vegetativas (g); FM-R: matéria fresca da raiz.

Quadro 9. Impacto da enxertia no desenvolvimento das variedades Durinta e Petula em condições de não infestação.

Os dados são médias de 10 réplicas por tipo de planta (n=10). V: órgãos vegetativos (raízes e partes aéreas); F: frutos. Os porta-enxertos são Eldorado, Maxifort e Integro. Para cada órgão, valores com a mesma letra não são significativamente diferentes (ANOVA, SNK, P≤0,05, n=10).

Dry Matter	Durinta				Petula			
	Ungrafted	Eldorado	Maxifort	Integro	Ungrafted	Eldorado	Maxifort	Integro
Fruits	14.7[a]	12.1[a]	10.3[a]	11.1[a]	9.8[a]	13.1[a]	11.7[a]	9.3[a]
Aerial parts	14.5[a]	24.1[a]	25.2[a]	23.3[a]	19.8[a]	19.9[a]	18.3[a]	18.7[a]
Roots	1.9[a]	4.1[a]	3.7[a]	3.1[a]	2.8[a]	3.1[a]	3.8[a]	3.2[a]
DM V / DM F	1.1[b]	2.3[a]	2.8[a]	2.4[a]	2.3[a]	1.8[ab]	1.9[ab]	2.4[a]

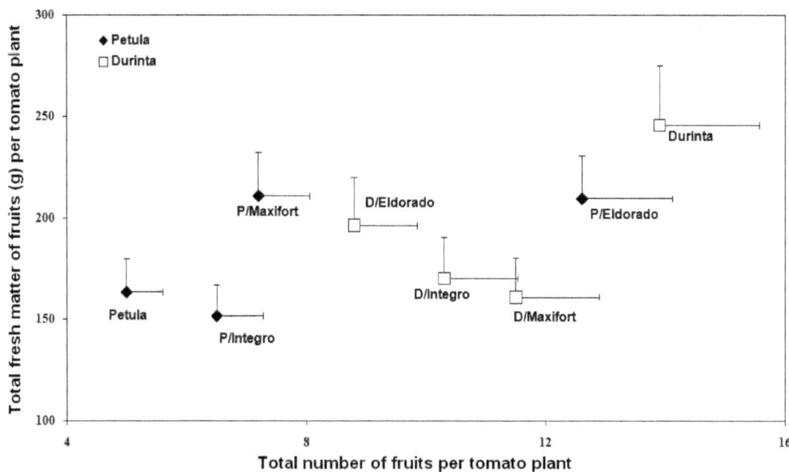

Figura 19. Impacto da enxertia na produtividade de frutos das variedades Durinta e Petula em condições de não

57

infestação.

Os dados são a média ± SE (n=10). D: Durinta; P: Petula. Os porta-enxertos são Eldorado, Integro e Maxifort.

3.2.3.2.3. Efeito da enxertia na variedade Petula

Ao contrário da variedade Durinta, a enxertia da variedade Petula não afecta o desenvolvimento dos órgãos vegetativos, sendo o número de folhas e a massa das partes aéreas semelhantes nas plantas enxertadas e não enxertadas (Figura 20). Por outro lado, a enxertia com os porta-enxertos Eldorado e Maxifort parece ter um efeito benéfico na produção de frutos. Para as plantas Petula/Eldorado, a enxertia tende a aumentar tanto o número de frutos (13 frutos em vez de 5 para a Petula não enxertada) como a massa total de frutos (221 g FM em vez de 160 g FM) (Figura 20). Apenas a massa total dos frutos parece aumentar nas plantas Petula/Maxifort. Por outro lado, as plantas enxertadas de Petula/Integro são tão produtivas como as plantas não enxertadas de Petula. Embora as diferenças observadas não sejam estatisticamente validadas pelo teste utilizado (ANOVA, SNK, P≤0,05, n=10), os resultados tendem a mostrar que a enxertia da variedade Petula nos porta-enxertos Eldorado e Maxifort melhora a produtividade da Petula em condições de não infestação pela vassoura-de-bruxa. Assim, a enxertia da variedade Petula com o porta-enxerto Eldorado aumenta a produtividade da Petula para um nível próximo do da Durinta não enxertada (figura 19). Da mesma forma, a enxertia da variedade Petula com os porta-enxertos Eldorado e Maxifort tende a reduzir a relação DM partes vegetativas/DM frutos para um valor semelhante ao da Durinta (Quadro 9). A este respeito, os nossos resultados para Petula/Eldorado e Petula/Maxifort são semelhantes aos de Lee, (1994) e Oda, (1995) que também demonstraram um ganho de produtividade para estas plantas enxertadas.

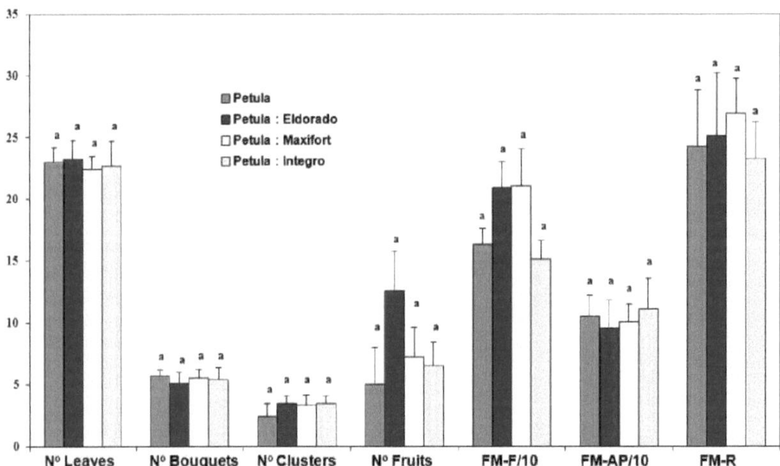

Figura 20. Impacto da enxertia da variedade de tomate Petula em diferentes indicadores de desenvolvimento e produtividade em condições de não infestação.

Os dados são a média ± SE (n=10). Para cada parâmetro, valores com a mesma letra não são significativamente diferentes (ANOVA, SNK, P≤0,05, n=10). FM-F/10: um décimo da matéria fresca total dos frutos (g); FM-PA/10: um décimo da matéria fresca total das partes aéreas (g); FM-R: matéria fresca da raiz.

Para concluir sobre o efeito da enxertia em condições de não infestação pela vassoura-de-bruxa, cinco combinações enxerto/porta-enxerto das seis testadas são benéficas para o vigor (3 Durinta/porta-enxerto) ou para a produtividade (2 Petula/porta-enxerto). A este respeito, é importante notar que o interesse da enxertia é geralmente observado em condições de infestação por agentes patogénicos, e não em condições saudáveis (Kacjan-Marsic e Osvald, 2004; Khah et al., 2006).

3.2.3.3. Efeito da enxertia no desenvolvimento e produtividade do tomateiro sob infestação de vassoura-de-bruxa

3.2.3.3.I. Caracterização das variedades Durinta e Petula (não enxertadas, sob infestação)

Não enxertadas e infestadas pela vassoura-de-bruxa, as variedades Petula e Durinta têm um número semelhante de folhas por planta e uma matéria fresca equivalente de raízes e de partes aéreas. Por outro lado, diferem em termos de produtividade, uma vez que a matéria fresca total de frutos por planta é duas vezes mais elevada para a variedade Petula (quadro 10). Esta variedade tem também um rácio de MS significativamente inferior ao da Durinta (por um fator de 3, Quadro 11). Isto induz na Petula uma afetação acentuada da MS nos frutos. Esta variedade é, portanto, mais produtiva sob infestação do que a Durinta, enquanto a Durinta é mais produtiva do que a Petula em condições de não infestação.

Quadro 10. Comparação dos indicadores de desenvolvimento e produtividade de duas variedades de tomate não enxertado "Durinta e Petula" em condições de infestação pela vassoura-de-bruxa.

Para cada parâmetro, valores com a mesma letra não são significativamente diferentes (ANOVA, SNK, P≤0,05, n=10). FM-F: matéria fresca total do fruto (g); FM-AP: matéria fresca total das partes aéreas (g); FM-R: matéria fresca da raiz.

Variedades	N° Folhas	N° Bouquets florais	N° Clusters	N° Frutos	FM-F	FM-AP	FM-R
Durinta	20,0[a]	2,0[a]	0,2[a]	0,5[a]	**19,0**[b]	50,5[a]	16,3[a]
Petula	18,0[a]	2,0[a]	0,5[a]	0,7[a]	**47,0**[a]	46,7[a]	14,3[a]

Quadro 11. Matéria seca total das diferentes partes (vegetativas e produtivas) de plantas de tomateiro enxertadas e não enxertadas em condições de infestação pela vassoura-de-bruxa.

Para cada órgão, valores com a mesma letra não são significativamente diferentes (ANOVA, SNK, P≤0,05, n=10). MS: matéria seca; V: parte vegetativa; F: frutos.

Matéria seca	Durinta				Petula			
	Não enxertado	Eldorado	Maxifort	Integro	Não enxertado	Eldorado	Maxifort	Integro
Frutos	1,0[a]	4,0[a]	2,7[a]	1,2[a]	2,5[a]	4,4[a]	1,6[a]	1,4[a]
Parte aérea	7,2[a]	12,2[a]	9,1[a]	10,5[a]	6,5[a]	7,8[a]	11,4[a]	8,7[a]
Racines	1,9[a]	2,7[a]	2,0[a]	1,9[a]	1,5[a]	1,8[a]	2,3[a]	1,8[a]
MS V / MS F	8,9[a]	**3,8**[bc]	**4,1**[b]	10,5[a]	3,2[bc]	2,2[c]	**8,4**[a]	**7,7**[a]

3.2.3.3.2. Efeito da enxertia na variedade Durinta sob infestação da vassoura-de-bruxa

Sob infestação com *O. ramosa* e qualquer que seja o porta-enxerto, a enxertia da variedade Durinta não afecta o número total de folhas e de ramos florais (20 folhas e 2 ramos florais em média por planta), (Figura 21). Do mesmo modo, a enxertia com Integro não afecta os outros indicadores de desenvolvimento vegetativo e de produtividade.

Por outro lado, as plantas enxertadas com os dois outros porta-enxertos (Maxifort e especialmente Eldorado) mostram um aumento em todos os índices de produtividade, por um fator de 3 a 4, dependendo do porta-enxerto (Figura 22). A análise estatística também valida o ganho de produtividade (FM-F/10) para Durinta/Eldorado (ANOVA, SNK, P≤0,05, n=10). Os resultados também mostram que as plantas de Durinta/Eldorado são mais vigorosas sob infestação, seguindo um ganho de massa fresca de raízes e partes aéreas. No entanto, a análise estatística não valida este benefício (ANOVA, SNK, P≤0,05, n=10).

Como resultado, as plantas enxertadas Durinta/Eldorado e Durinta/Maxifort são caracterizadas por uma relação MS partes vegetativas/MS frutos significativamente mais baixa do que as plantas não enxertadas Durinta, reflectindo uma mudança pela enxertia na alocação de MS a favor dos frutos.

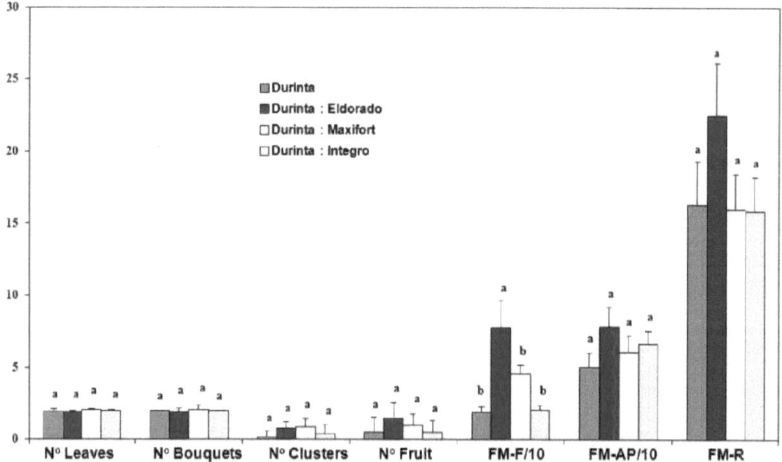

Figura 21. Impacto da enxertia da variedade de tomate Durinta em diferentes indicadores de desenvolvimento e produtividade sob infestação da vassoura-de-bruxa.

Os dados são a média ± SE (n=10). Para cada parâmetro, valores com a mesma letra não são significativamente diferentes (ANOVA, SNK, P≤0,05, n=10). N° Folhas/10: um décimo do número total de folhas; FM- F/10: um décimo da matéria fresca total dos frutos (g); FM-AP/10: um décimo da matéria fresca total das partes aéreas (g); FM-R: matéria fresca da raiz.

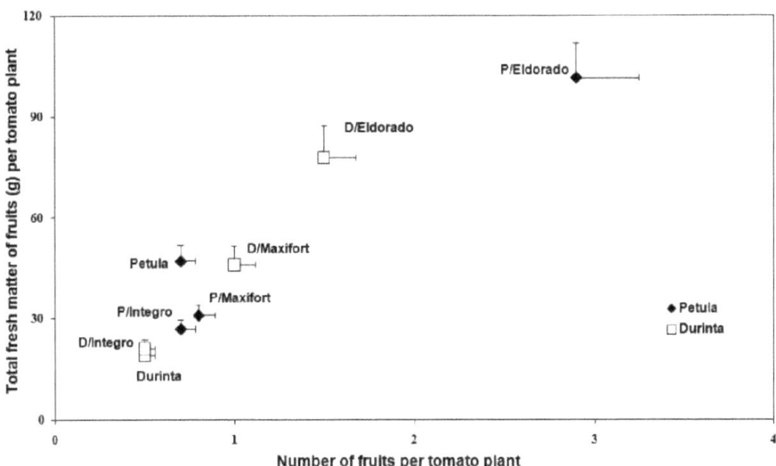

Figura 22. Impacto da enxertia na produtividade de frutos das variedades Durinta e Petula na condição de infestação pela vassoura-de-bruxa.

Os dados são a média ± SE (n=10). D: Durinta; P: Petula. Os porta-enxertos são Eldorado, Maxifort e Integro.

3.2.3.3.3. Efeito da enxertia na variedade Petula sob infestação da vassoura-de-bruxa

Todos os resultados mostram que apenas a enxertia de Petula sobre o porta-enxerto Eldorado afeta positivamente a produtividade sob infestação da vassoura-de-bruxa ramificada, com ganho significativo na massa total de frutos por planta (Figura 23). ANOVA, SNK, P≤0,05, n=10). O número total de frutos e de cachos de frutos por planta também parece estar a aumentar, mas estes resultados não são validados estatisticamente. Ao mesmo tempo, nenhuma combinação de enxertia parece ter uma influência clara na massa fresca dos órgãos vegetativos (raízes e partes aéreas).

A medição da relação MS partes vegetativas/DM frutos mostra uma melhor alocação de MS nos frutos para as plantas Petula/Eldorado em comparação com Petula/Maxifort e Petula/Integro (Tabela 11). Por outro lado, a enxertia de Petula em Maxifort e Integro favorece significativamente a alocação de MS em órgãos vegetativos, como evidenciado pelo aumento de um fator de 2 a 2,5 vezes na razão MS partes vegetativas/MS frutos.

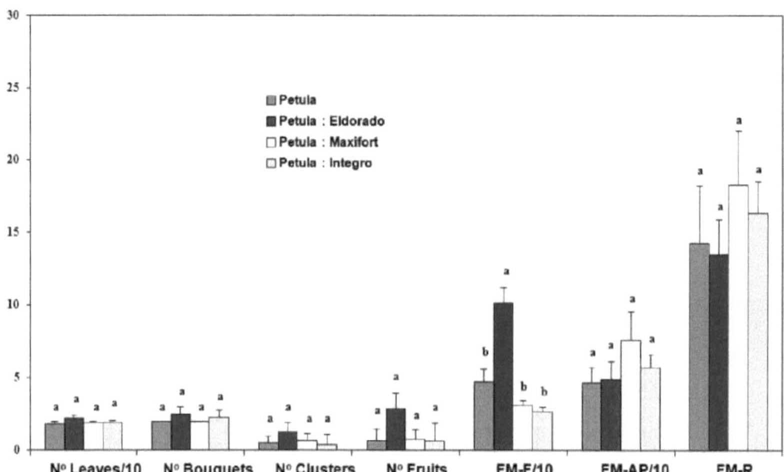

Figura 23. Impacto da enxertia da variedade de tomate Petula em diferentes indicadores de desenvolvimento e produtividade sob infestação da vassoura-de-bruxa.

Os dados são a média ± SE (n=10). Para cada parâmetro, valores com a mesma letra não são significativamente diferentes (ANOVA, SNK, P<0,05, n=10). Nº Folhas/10: um décimo do número total de folhas; FM- F/10: um décimo da matéria fresca total dos frutos (g); FM-AP/10: um décimo da matéria fresca total das partes aéreas (g); FM-R: matéria fresca da raiz.

3.2.3.3.4. Conclusões sobre a importância da enxertia na produtividade dos frutos das variedades Durinta e Petula sob infestação

O porta-enxerto Eldorado aumenta a produção de frutos das variedades Durinta e Petula sob infestação de vassoura-de-bruxa (Figura 23, Quadro 12). Assim, para a variedade Durinta, o porta-enxerto Eldorado induz um aumento da produção de frutos (expressa em massa fresca total de frutos) por um fator de 4 em comparação com a variedade não enxertada ou enxertada em Integro, e de 2 em comparação com a variedade enxertada em Maxifort. O interesse do porta-enxerto Maxifort é, portanto, mais matizado, tanto mais que não tem qualquer efeito sobre a produção de frutos da variedade Petula sob infestação. No que respeita ao porta-enxerto Integro, este não conduziu a qualquer melhoria da produtividade das variedades Durinta e Petula infestadas. Sabendo que o Eldorado é inicialmente menos sensível à vassoura-de-bruxa do que os outros dois porta-enxertos, o interesse sob infestação de um porta-enxerto "pouco" sensível à vassoura-de-bruxa verifica-se com o Eldorado. Esta afirmação é tanto mais verdadeira quanto a enxertia não altera o grau de suscetibilidade do porta-enxerto à vassoura-de-bruxa ramificada.

A importância da enxertia é geralmente observada em condições de infestação por agentes patogénicos e não em condições saudáveis (Kacjan-Marsic e Osvald, 2004; Khah et al., 2006). Alguns dos nossos resultados são consistentes com esta afirmação, outros não. Assim, o porta-enxerto Maxifort, sem interesse para a produtividade da Durinta em condições de não infestação, produz um ganho de produtividade para esta variedade sob infestação (Quadro 12). Inversamente, o porta-enxerto Maxifort é benéfico para a produtividade da variedade Petula em condições de não infestação, mas não em condições de infestação pela vassoura-de-bruxa (quadro 12), sem que a variedade Petula tenha um impacto na sensibilidade do porta-enxerto Maxifort à vassoura-de-bruxa.

Estes resultados sublinham a influência do enxerto no interesse de um porta-enxerto em condições de infestação. Esta influência está muito provavelmente relacionada com o grau de tolerância do enxerto à vassoura-de-bruxa que condiciona a sua produtividade em condições de infestação (ver parágrafo seguinte). A possibilidade de uma influência do enxerto sobre a suscetibilidade do porta-enxerto à vassoura-de-bruxa (número de vassouras fixadas por planta) deve também ser considerada nesta fase da apresentação dos resultados (ver parágrafo seguinte).

Quadro 12. Avaliação do efeito da enxertia no desenvolvimento vegetativo e produtivo das variedades enxertadas Durinta e Petula.

Os porta-enxertos são Eldorado, Maxifort e Integro. (-) efeito tendencialmente negativo; (.) : sem efeito; (+): Efeito tendencialmente positivo ou significativamente positivo

Combinação	Não Infestação		Infestação	
	Desenvolvimento Vegetativo	Desenvolvimento Produtivo	Desenvolvimento Vegetativo	Desenvolvimento Produtivo
Durinta/Eldorado	+	-	+	+
Durinta/Maxifort	+	-	.	+
Durinta/Integro	+	-	.	.
Petula/Eldorado	.	+	.	+
Petula/Maxifort	+	+	+	-
Petula/Integro	.	.	+	-

3.2.3.4. Efeito da enxertia no grau de tolerância do tomateiro à vassoura-de-bruxa ramificada

3.2.3.4.1. Grau de tolerância das variedades Durinta e Petula não enxertadas

Para a variedade Durinta não enxertada, o ataque parasitário tem um forte impacto na produção de frutos. Assim, a perda em g de MS dos frutos representa 65% da perda total de MS das plantas (quadro 13). O número e a matéria seca total dos frutos são reduzidos em 96% e 93%, respetivamente (quadro 14). Assim, a Durinta é uma variedade sensível e não tolerante à vassoura-de-bruxa. O efeito depressivo do parasita é menor sobre o desenvolvimento do aparelho vegetativo cuja MS diminui 44% sob infestação (quadro 13).

Para a variedade Petula não enxertada, a perda total de MS causada pela vassoura-de-bruxa é equivalente à observada na Durinta (quadro 13). Por outro lado, a distribuição das perdas de MS entre o aparelho vegetativo e os frutos é inversa. De facto, o parasitismo afecta predominantemente o desenvolvimento dos órgãos vegetativos da variedade Petula, representando a perda de MS destes órgãos 2/3 da perda total de MS das plantas (quadro 13). No entanto, o número total e a MS dos frutos são reduzidos em 86% e 74%, respetivamente (quadro 14). A Petula é, portanto, uma variedade sensível mas mais tolerante à vassoura-de-bruxa do que a Durinta. No entanto, a produtividade da Petula continua a ser muito afetada pelo parasitismo.

3.2.3.4.2. Efeito da enxertia na tolerância das variedades Durinta e Petula

Independentemente do porta-enxerto, o impacto do parasitismo na perda total de MS da variedade Durinta enxertada é equivalente ao observado na variedade não enxertada (quadro 13). No entanto, a perda de MS afecta principalmente os órgãos vegetativos das plantas enxertadas (60-70% das perdas totais, quadro 13). Assim, a enxertia reduz a perda de MS dos frutos causada pela vassoura-de-bruxa, que representa "apenas" 30 a 40% da perda total de MS. Para as plantas Durinta/Eldorado, isto é mesmo acompanhado de uma redução da perda do número de frutos (quadro 14). Todos estes resultados mostram que a enxertia acentua o grau de tolerância da variedade Durinta à vassoura-de-bruxa, em detrimento do desenvolvimento dos órgãos vegetativos.

Tal como para a variedade Durinta, a enxertia não alterou a perda global de MS causada pela vassoura na variedade Petula (quadro 13). Em contrapartida, o efeito do enxerto sobre o grau de tolerância da variedade Petula não é tão evidente como o observado para a variedade Durinta. Este efeito é diferente consoante o porta-enxerto. É, no máximo, nulo para o enxerto sobre Eldorado e Integro, a distribuição das perdas de MS devidas ao parasitismo entre o aparelho vegetativo (cerca de 60%) e os frutos (cerca de 40%) é semelhante à observada para as plantas não enxertadas de Petula. É negativa para a enxertia sobre Maxifort porque as perdas de MS dos frutos causadas pela vassoura-de-bruxa nas plantas Petula/Maxifort são superiores às registadas na variedade não enxertada (quadro 13).

É igualmente interessante notar que, sob infestação, as perdas globais de MS observadas para as duas variedades são quatro a seis vezes superiores à MS total das vassouras fixas. A perda de MS no tomateiro não é, portanto, explicada essencialmente por uma "perda para ganhar" para a planta hospedeira devido à evasão da MS pela vassoura, mas principalmente pelo efeito depressivo do parasitismo sobre a capacidade fotossintética do tomateiro (Mauromicale et al., 2008).

Quadro 13. Impacto da vassoura-de-bruxa ramificada na perda de MS das variedades Durinta e Petula não enxertadas e enxertadas em diferentes porta-enxertos (Eldorado, Maxifort e Integro).

Por linha, valores com a mesma letra não são significativamente diferentes (ANOVA, SNK, P≤0,05, n=10). * Perda de MS de frutos ou partes vegetativas (g). ** Perda de MS de frutos ou partes vegetativas expressa em% da perda total de MS.

Loss in dry matter		Durinta				Petula			
		Ungrafted	Eldorado	Maxifort	Integro	Ungrafted	Eldorado	Maxifort	Integro
	Total dry matter (g)	20.9[a]	21.4[a]	25.4[a]	23.9[a]	21.8[a]	22.1[a]	18.5[a]	19.4[a]
Tomato	Fruits (g) *	13.6[a]	8.1[b]	7.6[b]	10.0[ab]	7.3[b]	8.7[ab]	10.1[ab]	8.0[b]
	Fruits (%) **	65.3	37.9	30.1	41.7	33.4	39.2	54.7	41.2
	Vegetative parts (g) *	7.2[b]	13.3[ab]	17.7[ab]	13.9[ab]	14.6[ab]	13.4[ab]	8.4[b]	11.4[ab]
	Vegetative parts (%) **	34.7	62.1	69.9	58.3	66.6	60.8	45.3	58.8
Broomrape	Total dry matter (g)	5.3[a]	2.1[b]	2.5[b]	2.6[b]	3.5[b]	2.2[b]	2.7[b]	1.8[b]

Quadro 14. Percentagem de redução da matéria seca das partes vegetativas e dos frutos de duas variedades de tomate não enxertadas e enxertadas (Durinta, Petula) em resposta ao parasitismo da vassoura-de-bruxa.

Os dados são médias de 10 indivíduos por tipo de planta (n=10). Os porta-enxertos são Eldorado, Maxifort e Integro.

Percentage reduction due to parasitism		Durinta				Petula			
		Ungrafted	Eldorado	Maxifort	Integro	Ungrafted	Eldorado	Maxifort	Integro
Vegetative parts	Total dry matter	44.2	47.1	61.4	52.7	64.4	58.3	37.9	52.1
Fruits	Number of fruits	96.4	83.0	91.3	95.1	86.0	77.0	88.9	89.2
	Total dry matter	93.0	67.1	73.8	89.4	74.2	66.4	86.1	85.4

3.2.4. Conclusão geral

O tomate enxertado num porta-enxerto sensível à vassoura-de-bruxa revelou-se um modelo fisiológico complexo a estudar em condições de infestação. Neste sistema, as vassouras actuam como poços concorrentes dos poços próprios do tomateiro (órgãos vegetativos em crescimento, frutos) e influenciam assim a regulação das relações fonte-dreno da planta enxertada. No entanto, para os porta-enxertos e variedades testados, este estudo demonstrou que:

- A enxertia pode alterar o grau de tolerância da variedade à vassoura-de-bruxa. Pode assim aumentá-la (exemplo/Durinta), e que o porta-enxerto seja tão sensível (Eldorado) ou sensivelmente mais sensível (Maxifort) do que a variedade não enxertada (sensibilidade/número de ligações por planta). Este efeito benéfico pode ser explicado pelo facto de a enxertia, qualquer que seja o porta-enxerto utilizado, limitar o desenvolvimento de vassouras fixas. Estes são, por conseguinte, um poço menos atrativo para os fotoassimilados da planta enxertada. Por conseguinte, a enxertia permitiu à Durinta modificar as relações fonte-dreno a favor da produção de frutos. Não enxertada, a variedade Durinta é, pelo contrário, muito favorável ao desenvolvimento dos estolhos (elevada percentagem de emergências e elevada massa fresca dos estolhos). As giestas modificaram assim as relações fonte-dreno da Durinta não enxertada em seu benefício e em detrimento da produção de frutos. A tolerância à vassoura-brava da Durinta não enxertada é efetivamente quase nula.

- A variedade não altera a sensibilidade do porta-enxerto. Assim, a suscetibilidade da planta enxertada à vassoura-de-bruxa ramificada é condicionada pela do porta-enxerto. Assim, é lamentável não ter identificado neste estudo porta-enxertos resistentes para saber se esta resistência se mantém no tomate enxertado. No entanto, estes resultados permitem utilizar porta-enxertos não sensíveis ou mesmo resistentes (se disponíveis) à vassoura-de-bruxa para a produção de tomate em zonas infestadas.

A fim de controlar os parasitas transmitidos pelo solo, a enxertia dos tomateiros representa um custo adicional obrigatório, que é atenuado pelo aumento da produtividade (Vitre, (2002). A utilização de plantas enxertadas representa um custo suplementar de cerca de 1 € por m^2 . Este custo suplementar é comparável ao custo da desinfeção do solo, que pode atingir 0,8 € por m^2 , e muitos produtores utilizam o vigor das plantas enxertadas para as orientar em duas hastes, reduzindo assim a densidade de plantação para metade, mantendo pelo menos o mesmo rendimento (Vitre, 2002; Besri, 2003). Para informar sobre as duas cabeças, a compra de plantas enxertadas é menos dispendiosa, cerca de 0,3 € por m^2 (Vitre, 2002). Finalmente, mais vigorosas, as plantas enxertadas podem ser transplantadas numa fase mais tardia do que os tomates não enxertados, resultando em colheitas mais precoces com um período de produção mais longo (Espuna, 2000; Besri, 2003).

Devido à falta de porta-enxertos resistentes à vassoura-de-bruxa ramificada, os produtores e criadores ainda não avaliaram a viabilidade da enxertia do tomateiro na proteção da cultura contra a vassoura-de-bruxa. A urgência é sobretudo intensificar a pesquisa de fontes de resistência, especialmente entre os acessos selvagens.

Referências

1. Abbas H, Boyette C, Hoagland R, Vesonder R. (1991). Bioherbicidal potential of Fusarium verticillioides and its phytotoxin, fumonisin. Weed Science 39: 673-677.

2. Abbes Z. (2007). Estimation de la sensibilité et de la tolérance de différents génotypes de féverole (Vicia faba L.) à la plante parasite Orobanche foetida Poiret. Impacto do tipo de hospedeiro sobre as particularidades fisiológicas e metabólicas do parasita. Tese de Doutoramento da Universidade de Nantes: 155p.

3. Abbes Z, Kharrat M, Delavault P, Simier P, Chaïbi W. (2007). Avaliação no terreno da resistência de alguns genótipos de fava *(Vicia faba* L.) à infestante parasita *Orobanche foetida* Poiret. Proteção das culturas 26: 1777-1784.

4. Abbes Z, Kharrat M, Simier P, Chaïbi W. (2007). Caracterização da resistência à vassoura-de-bruxa-crenada (Orobanche crenata) numa nova linha de sementes pequenas de feijão-frade da Tunísia. Phytoprotection 88(3): 83-92.

5. Abdelhaq H. (2004). Produção e proteção integradas em culturas de estufa. Publicação de extensão. Instituto Agronómico e Veterinário Hassan II de Marrocos.

6. Abdelmageed AHA, Gruda N, Geyer B. (2004). Effects of Temperature and Grafting on the Growth and Development of Tomato Plants under Controlled Conditions (Efeitos da Temperatura e da Enxertia no Crescimento e Desenvolvimento de Plantas de Tomate em Condições Controladas). Redução da pobreza rural através da investigação para o desenvolvimento e a transformação. Deutscher Tropentag 2004: 3p.

7. Aber M. (1984). Cytophysiological aspects of Orobanche crenata Forsk. parasitizing Vicia faba L. Third International Symposium on Parasitic Weeds Aleppo 200-209.

8. Aber M, Fer A, Sallé G. (1983). Etude du transfert des substances organiques de l'hôte (Vicia faba) vers le parasite (Orobanche crenata Forsk.). Z Pflanzenphysiol Bd 112: 297-308.

9. Abu-Gharbieh WI, Makkouk KM, Saghir AR. (1978). Resposta de diferentes cultivares de tomate ao nemátodo das galhas, ao tomatoyellow leaf curl virus e à Orobanche na Jordânia. Plant Dis. Repoter 62(3): 263- 266.

10. Ait-abdallah F, Hamadache A, Kheddam M, Maatougui ME. (1999). Le problème de l'Orobanche en Algérie. In : Kroschel J. e M. Abderabihi (eds.), Advances in parasitic weed control at on farm level. Ação conjunta para controlar a Orobanche na região de Wana. Margraf, Verlag, Weikersheim, Alemanha II: 17-26.

11. Al-Menoufi OA. (1991). Rotações de culturas como medida de controlo de Orobanche crenata

em campos de Vicia faba. In: Wegmann K. e L.J. Musselman (eds.). Progress in Orobanche research Proceedings of the international Workshop on Orobanche research Obermarchtal, Allemagne: 241-247.

12. Amalfitano C, Pengue R, Adolfi A, Vurro M, Zonno M-C, Evidente A. (2002). Análise por HPLC do ácido fusárico, do ácido 9,10-dehidrofusárico e dos seus ésteres metílicos, metabolitos tóxicos de espécies de Fusarium patogénicas para as ervas daninhas. Phytochemical Analysis 13: 277-282.

13. Amsellem Z, Cohen BA, Gressel J. (2002). Engenharia da hipervirulência num fungo micoherbicida para um controlo eficaz das ervas daninhas. Nature Biotechnology 20: 1035-1039.

14. Anderson J, Young L, Long E. (2008). Potassium and Health (Potássio e Saúde). Série Alimentação e Nutrição. Universidade Estadual do Colorado 9355: 1-4.

15. Arjona-Berral A, Mesa-Garcia J, Garcia-Torres L. (1988). Controlo herbicida da vassoura-brava em ervilhas e lentilhas. FAO Plant Prot. Bull 36: 175-178.

16. Ashok K.B. e Sanket K. (2017). Enxertia de culturas hortícolas como ferramenta para melhorar o rendimento e a tolerância contra doenças - uma revisão. Revista Internacional de Ciências Agrárias. 9(13): 4050-4056.

17. Augustin B, Graf V, Laun N. (2002). Influência da temperatura na eficácia de cultivares de tomateiro enxertadas contra o nemátodo das galhas (Meloidogyne arenaria) e a raiz de cortiça (Pyrenochaeta lycopersici). Zeitschrift Fur Pflanzenkrankheiten Und Pflanzenschutz. Jornal de Doenças e Proteção das Plantas 109: 371-383.

18. Avdeyev YI, Scherbinin BM. (1977). Tomate resistente à vassoura-de-bruxa, *Orobanche aegyptiaca*. Relatório da Cooperativa de Genética do Tomate, Departamento de Culturas Vegetais, Universidade da Califórnia em Davis, Relatório nº 27.

19. Avdeyev YI, Scherbinin BM, Ivanova LM, Avdeyev AY. (2003). Estudo da resistência do tomate à vassoura e criação de variedades para processamento. Ata Horticulturae (ISHS) 613: 283-290.

20. Bacon C, Hinton D. (1996). Ácido fusárico e interacções patogénicas de Fusarium moniliforme de milho e não milho, um agente patogénico não obrigatório do milho. Advances in Experimental Medicine and Biology 392: 175-191.

21. Barker ER, Press MC, Scholes JD, Quick WP. (1996). Interacções entre a angiospérmica parasita *Orobanche aegyptiaca* e o seu hospedeiro tomateiro: crescimento e atribuição de

biomassa. New Phytologist 133: 637-642.

22. Batchelor T. (2001). Ação do brometo de metilo na China. FECO, SEPA & GTZ 3: 1-4.

23. Bayaa B, El-Hossein N, Erskine W. (2000). Attractive but deadly. Caravana ICARDA 12: http://www.icarda.cgiar.org/publications1/caravan/caravan12/Car128.Html.

24. Bekhradi F., Kashi A. e Delshad M. (2011). Efeito de três porta-enxertos de cucurbitáceas na produção vegetativa e no rendimento da melancia 'Charleston Gray'. Revista Internacional de Produção Vegetal, 5(2), 105-110.

25. Benharrat H, Boulet C, Théodet C, Thalouarn P. (2005). Diversidade de virulência entre populações de vassoura-de-bruxa (O. ramosa L.) em França. Agron. Sustain. Dev 25: 123-128.

26. Benharrat H, Veronesi C, Théodet C, Thalouarn P. (2002). Discriminação de espécies e populações de *Orobanche* com recurso à repetição de sequências intersimples (ISSR). Weed Research 42(6): 470-475.

27. Bernier V, Lavoie D. (2001a). O licopeno: um antioxidante muito potente, primeira parte. Le Clinicien, Consultations en Nutrition 15 (11): 49-56.

28. Bernier V, Lavoie D. (2001b). O licopeno: um antioxidante muito potente, segunda parte. Le Clinicien, Consultations en Nutrition 16 (12): 53-60.

29. Besri M. (2001). Novos desenvolvimentos de alternativas ao brometo de metilo para o controlo de agentes patogénicos do solo do tomateiro em cultura coberta num país em desenvolvimento, Marrocos. Conferência Internacional Anual de Investigação sobre Alternativas ao Brometo de Metilo e Redução de Emissões. San Diego, Califórnia: EUA.

30. Besri M. (2002). Alternativas ao brometo de metilo para a produção de tomate na região mediterrânica. Actas da Conferência Internacional sobre Alternativas ao Brometo de Metilo. Sevilha, Espanha: 162-166.

31. Besri M. (2003). Enxertia de tomate como alternativa ao brometo de metilo em Marrocos. Actas da conferência internacional de investigação sobre alternativas ao brometo de metilo e redução de emissões. San Diego Califórnia: 12.

32. Besri M. (2005). Situação atual da enxertia de tomate como alternativa ao brometo de metilo para a produção de tomate na região mediterrânica. Conferência Internacional Anual de Investigação sobre Alternativas ao Brometo de Metilo e Redução de Emissões em San Diego, Califórnia, EUA.

33. Birschwilks M, Haupt S, Hofius D, Neumann S. (2006). Transferência de substâncias móveis no floema das plantas hospedeiras para o holoparasita Cuscuta sp. J Exp Bot 57: 911-921.

34. Black LL, Wu DL, Wang JF, Kalb T, Abbass D, Chen JH. (2003). Enxertia de tomate para produção na estação quente e húmida. Centro Asiático de Investigação e Desenvolvimento de Vegetais.

35. Black LL, Wu DL, Wang JF, Kalb T, Abbass D, Chen JH. (2003). Enxertia de tomate para produção na estação quente e húmida. Guia de Cooperadores Internacionais. Centro Asiático de Investigação e Desenvolvimento de Vegetais (AVRDC) 03-551: 6p.

36. Bletsos FA. (2005). Utilização da enxertia e da cianamida cálcica como alternativas à fumigação do solo com brometo de metilo e seus efeitos no crescimento, rendimento, qualidade e controlo da murchidão do fusário no melão. Journal of Phytopathology 153: 155-161.

37. Boari A, Zuccari D, Vurro M. (2008). 'Microbigation': entrega de agentes de controlo biológico através de sistemas de irrigação por gotejamento. Ciência da Irrigação 26: 101-107.

38. Borgognone, D., Colla, G., Rouphael, Y., Cardarelli, M., Rea, E., Schwarz, D. (2013). Efeito da forma de azoto e do pH da solução nutritiva no crescimento e na composição mineral de tomates auto-enxertados e enxertados. Sci. Hortic. 149: 61-69.

39. Borsani O, Valpuesta V, Botella MA. (2003). Desenvolvimento de plantas tolerantes ao sal num novo século: uma abordagem de biologia molecular. Plant Cell Tissue and Organ Culture 73: 101-115.

40. Bowen P, Chen L, Stacewicz-Sapuntzakis M, Duncan C, Sharifi R, Ghosh L, Kim H, Christov-Tzelkov K, Van Breemen R. (2002). Suplementação de molho de tomate e cancro da próstata: Lycopene Accumulation and Modulation of Biomarkers of Carcinogenesis. Sociedade de Biologia Experimental e Medicina 227(10): 886-893.

41. Bradley JA. (1968). Enxertia do tomateiro para controlar as doenças das raízes. New Zealand Journal of Agriculture: 116:126.

42. Bulder HAM, Van Hasselt PR, Kuiper PJC, Speek EJ, Den Nijs APM. (1990). The effect of low root temperature in growth and lipid composition of low temperature tolerant rootstock genotypes for cucumber. Journal of Plant Physiology 138: 661-666.

43. Buller, S., Miles, C., Inglis, D. (2013). Crescimento das plantas, produção e qualidade dos frutos e tolerância à murcha de Verticillium da melancia enxertada e do tomate na produção de campo no noroeste do Pacífico. HortScience: 48(8):1003-1009.

44. Capasso R, Evidente A, Cutignano A, Vurro M, Zonno M-C, Bottalico A. (1996). Ácidos fusárico e desidrofusárico e seus ésteres metílicos de Fusarium nygamai. Phytochemistry 41: 1035-1039.

45. Castejon-Munoz M, Romero-Munoz F, Garcia-Torres L. (1993). Efeito da data de plantação nas infecções por vassoura-de-bruxa *(Orobanche cernua* Loefl.) no girassol *(Helianthus annuus* L.). Weed Research 33: 171-176.

46. Causse M, Caranta C, Saliba-Colombani V, Moretti A, Damidaux R, Rousselle P. (2000). Valorisation des ressources génétiques de la tomate par l'utilisation de marqueurs moléculaires. Recursos genéticos: Cahiers Agricultures 9(3): 197-210.

47. Cechin I, Press MC. (1993). Relações de azoto da associação sorgo-Striga hermonthica hospedeiro-parasita: crescimento e fotossíntese. Planta, Célula e Ambiente 16: 237-247.

48. Chahed F, Arancibia M, Albanese M, Coulibaly O, Bakkali Y. (2004). La Tomate *Lycopersicon esculentum.* . IRBV, Institut de Recherche en Biologie Végétale, Université de Montréal. http://www.irbv.umontreal.ca/cours/tomate Canada.

49. Chen J, Xu W, Burke J. (2008). Caracterização de Mecanismos de Tolerância a Altas Temperaturas em Milho. Conferência de Genomas de Plantas e Animais XVI, Canadá, San Diego: P349.

50. Cohen S, Naor A (2002). The effect of three rootstocks on water use, canopy conductance and hydraulic parameters of apple trees and predicting canopy from hydraulic conductance. Planta, Célula e Ambiente 25: 17-28.

51. Coïc Y, Lesaint C. (1975). La nutrition minérale et en eau des plantes en horticulture avancée. Le Document Technique de la SCPA 23: 1-22.

52. Colla G, Rouphael Y, Cardarelli M, Rea E. (2006). Efeito da salinidade no rendimento, na qualidade dos frutos, nas trocas gasosas das folhas e na composição mineral de plantas de melancia enxertadas. HortScience 41: 622-627.

53. Cook CE, Whichard LP, Wall ME, Egley GH, Coggon P, Luhan PA, McPhail AT. (1972). Estimulantes de germinação. II. A estrutura do strigol: um potente estimulante da germinação de sementes de erva-de-santa-maria (Striga lutea Lour.). J. Am. Chem. Soc 94: 198-199.

54. Cuartero J, Bolarin MC, Asins MJ, Moreno V. (2006). Aumento da tolerância ao sal no tomateiro. Jornal de Botânica Experimental 57: 1045-1058.

55. Cuartero J, Fernandez-Munoz R. (1999). O tomate e a salinidade. Scientia Horticulturae 78: 83125.

56. Cubero JI. (1983). Doenças parasitárias em Vicia faba. Com especial referência à vassoura-de-bruxa (Orobanche crenata Forsk.). In: Hebblethwaite P.D. (ed.), The faba bean (Vicia faba) a basis for improvement. Butterworth, Londres: 493-521.

57. Cubero JI. (1991). Breeding for resistance to Orobanche species: a review In: Wegmann K. e L.J. Musselman (eds.). Progress in Orobanche research Proceedings of the international Workshop on Orobanche research. Obermarchtal Allemagne: 257-277.

58. Dalela GG, Mathur RL. (1971). Resistência de variedades de beringela, tomate e tabaco à vassoura-de-bruxa (Orobanche cernua Loef.). Pest Articles and News Summaries 17: 482-483.

59. Delavault P, Simier P, Thoiron S, Veronesi C, Fer A, Thalouarn P. (2002). Isolamento do cDNA da manose 6-fosfato redutase, alterações da atividade enzimática e do teor de manitol na vassoura-de-bruxa (Orobanche ramosa) parasita das raízes do tomateiro. Physiol Plant 115: 48-55.

60. Delavault P, Thalouarn P. (2002). O parasita obrigatório da raiz Orobanche cumana exibe várias sequências de rbcL. Gene 297: 85-92.

61. Demirkan H, Uludag A, Nemli1 Y, Turkseven S, Kacan K, Albay F. (2006). Ocorrência e controlo de Orobanche em batatas na Turquia. Workshop Parasitic Plant Management in Sustainable Agriculture. Reunião final do COST849. ITQB Oeiras-Lisboa Portugal: 45.

62. Di Mascio P, Kaiser S, Sies H. (1989). Lycopene as the most efficient biological carotenoid singlet oxygen quencher. Arch Biochem Biophys 274: 532-538.

63. Dominguez J. (1999). Herança da resistência a Orobanche cumana Wallr. no girassol: uma revisão. In Junta de Andalucía e Consejería de Agricultura y Pesca (Eds.). Resistência a Orobanche: o estado da arte, congresos y jornadas 51(99): 115-120.

64. Dor E, Alperin B, Kapulnik Y, Vininger S, Hershenhorn J. (2006). The resistant mechanism of mutagenised tomato line resistant to Orobanche spp. In: Workshop Parasitic Plant Management in Sustainable Agriculture. Reunião final do COST849. ITQB Oeiras-Lisboa Portugal: 32.

65. Dörr I. (1996). Novos resultados sobre pontes interespecíficas entre parasitas e seus hospedeiros. Advances in Parasitic Plant Research, Córdoba, Espanha, Junta de Andalusia: 195-201.

66. Dörr I, Kollman R. (1995). Continuidade do elemento crivoso de Symplasmic entre Orobanche e seu hospedeiro. Bot. Ata 108: 47-55.

67. Dörr I, Staack A, Kollman R. (1994). Resistência de Helianthus a Orobanche - Estudos histológicos e citológicos. In: Pieterse A.H., J.A.C. Verkleij e S.J. ter Borg (eds.), Biology and management of Orobanche. Procedimentos do 3º Workshop Internacional sobre Orobanche e investigação relacionada com a Striga. Amesterdão Pays-Bas: 276-289.

68. Draie R. (2017a). Efeito da enxertia no desenvolvimento e produtividade do tomateiro em

condições de estufa. *GARJAS,* 6(6): 160-169.

69. Draie R. (2017b). O papel da técnica de enxertia para melhorar o crescimento e a produção do tomateiro sob infestação da vassoura-de-bruxa ramificada. *CRJAS,* 2(1): 019-029.

70. Draie R. (2017c). Investigação de resistências a Phelipanche Ramosa L. entre genótipos de tomate de pesquisa. *IJISET,* 4(7): 248-260.

71. Draie R. (2017d). Respostas diferenciais de porta-enxertos comerciais de tomate à vassoura-de-bruxa ramificada. *Investigação em Ciências Vegetais.* 5(1): 15-25.

72. Draie R. (2017e). Influência do método de enxertia na qualidade de mudas de tomateiro enxertadas e destinadas à comercialização. *IJSEAS,* 3(8): 87-103.

73. Dropkin VH. (1969). Reação necrótica do tomateiro e de outros hospedeiros resistentes a Meloidogyne - reversão pela temperatura. Phytopathology 59: 1632-1633.

74. Echevarria-Zomeno S, Perez-de-Luque A, Jorrin J, Maldonado AM. (2006). Resistência pré-haustorial à vassoura-de-bruxa (Orobanche cumana) em girassol (Helianthus annuus): estudos citoquímicos. J Exp Bot 57: 4189-4200.

75. Edelstein M, Cohen R, Burger Y, Shriber SR, Pivonia S, Shtienberg D. (1999). Gestão integrada da murchidão súbita do melão, causada por Monosporascus cannonballus, utilizando enxertia e taxas reduzidas de brometo de metilo. Doenças das Plantas 83: 1142-1145.

76. Eizenberg H, Plakhine D, Dor E, Hershenhorn J, Kleifeld Y, Rubin B. (2001). O extrato fitotóxico de raízes de girassol resistente (Helianthus annuus L. cv. Ambar) inibe o desenvolvimento de Orobanche cumana. In: A. Fer, P. Thalouarn, D.M. Joel, L.J. Musselmann, C. Parker e J.A.C. Verkleij (eds.). Actas do 7º simpósio internacional sobre ervas daninhas parasitas. Faculdade de Ciências, Nantes, França, : 190-191.

77. El-Halmouch Y, Benharrat H, Thalouarn P. (2006). Efeito dos exsudados radiculares de diferentes genótipos de tomate na germinação de sementes de vassoura (O. aegyptiaca) e no desenvolvimento de tubérculos. Proteção das culturas 25: 501-507.

78. El-Halmouch YH. (2004). Recherche de mécanismes de résistance à *l'Orobanche* chez des génotypes de tomate ; Aspects histologiques, physiologiques, moléculaires et génétiques Thèse de Doctorat Université de Nantes: 328.

79. El gazzah M, Chalbi N. (1995). Ressources génétiques et amélioration des plantes. Quel avenir pour l'amélioration des plantes? AUPELF-UREF (ed.), John Libbey Eurotext. Paris: 123-129.

80. Espuna M. (2000). O novo essor do greffage. Culturas especializadas: Plantas marinhas. Jeunes Agriculteurs 553: http://ja.web-agri.fr/moteur/553/553P538.html.

81. Estan MT, Martinez-Rodriguez MM, Perez-Alfocea F, Flowers TJ, Bolarin MC. (2005). A enxertia aumenta a tolerância do tomate ao sal através da limitação do transporte de sódio e cloreto para o rebento. Journal of Experimental Botany 56: 703-712.

82. FAO. (2007). Base de dados da FAO (Organização das Nações Unidas para a Alimentação e a Agricultura). http://faostat.fao.org/ FAOSTAT: 2007.

83. FAO. (2014). Organização das Nações Unidas para a Alimentação e a Agricultura. http://faostat.fao.org/ FAOSTAT: 2014.

84. Fer A, De Bock F, Renaudin S, Rey L, Thalouarn P. (1987). Relations trophiques entre les Angiospermes parasites et leurs hôtes respectifs. II- Voies de transport et mécanismes impliqués dans le transfert des substances trophiques à l'interface hôte-parasite. Bull. Soc. Bot. Fr 134: 109-120.

85. Fer A, Thalouarn P. (1997). L'Orobanche - uma ameaça para as nossas culturas. Phytoma, La Défense des Végétaux 499: 34-40.

86. Fernandez-Aparicio M, Andolfi A, Evidente A, Rubiales D. (2006). Respostas específicas de espécies de Orobanche a exsudados de raízes de Trigonella foenum-graecum. In: Workshop Parasitic Plant Management in Sustainable Agriculture. Reunião final do COST849 ITQB Oeiras-Lisboa, Portugal: 10.

87. Fernandez-Aparicio M, Sillero JC, Perez-de-Luque A, Rubiales D. (2007). Identificação de fontes de resistência à vassoura-de-bruxa crenada *(Orobanche crenata)* no germoplasma de lentilhas espanholas *(Lens culinaris)*. Weed Research 48: 85-94.

88. Fernandez-Garcia N, Carvajal M, Olmos E. (2004a). Formação de uniões de enxertos em plantas de tomate: Peroxidase and catalase involvement. Anais de Botânica 93: 53-60.

89. Fernandez-Garcia N, Martinez V, Cerda A, Carvajal M. (2002). Absorção de água e nutrientes de plantas de tomate enxertadas cultivadas em condições salinas. Journal of Plant Physiology 159: 899905.

90. Fernandez-Garcia N, Martinez V, Cerda A, Carvajal M. (2004b). Qualidade dos frutos de plantas de tomate enxertadas cultivadas em condições salinas. Journal of Horticultural Science & Biotechnology 79: 995-1001.

91. Ferrère P, Daraux J, Lherbier P, Terrien JP. (1997). Tomate de serre, entretien des culture et récolte. Formação dos chefes de equipa e dos saisonniers. OFFSET, Fafsea, fnpl, Fasti Ctifl: 28p.

92. Foy CL, Jacobsohn R, Jain R. (1987). Avaliação de linhas de tomate para resistência ao

glifosato e/ou Orobanche aegyptiaca. Pers. In: Parasitic Flowering Plants Proceeding of the 4th ISPFP (eds HC Weber & W Forstreuter). Marburg Alemanha: 221-230.

93. Foy CL, Jacobsohn R, Jain R. (1988). Screening of *Lycopersicon* spp. for glyphosate and/or *Orobanche aegyptiaca Pers.* resistance. Weed research 28(5): 383-391

94. Foy CL, Jain R, Jacobsohn R. (1989). Abordagens recentes para o controlo químico da vassoura-de-bruxa *(Orobanche* spp.). Revisões da ciência das infestantes 4: 123-152.

95. Gann PH, Ma J, Giovannucci E, Willet W, Sacks FM, Hennekens CH, Stampfer MJ. (1999). Menor risco de cancro da próstata em homens com níveis elevados de licopeno no plasma: resultados de uma análise prospetiva. J Cancer Res 59: 1225-1230.

96. Garcia-Torres L, Castejon-Munoz M, Lopez-Granados F, Jurado-Exposito M. (1995). Imazapyr aplicado em pós-emergência no girassol (Helianthus annuus) para o controlo da vassoura-de-bruxa (Orobanche cernua). Weed Res. Technol 9: 819-824.

97. Garcia-Torres L, Lopez-Granados F, Castejon-Munoz M. (1993). Herbicidas de pré-emergência para o controlo da vassoura-de-bruxa (O. cernua Loefl) no girassol (Helianthus annuus L.). Weed Research 34: 395-402.

98. Garcia JM, Torres LG. (1986). Efeito da data de plantação no parasitismo da fava (Vicia faba) pela vassoura-de-bruxa (Orobanche crenata). Ciência das Plantas Daninhas 34: 544-550.

99. Ghosheh HZ, Hameed KM, Turk MA, Al-Jamali AF. (1999). O jift de oliveira (Olea europea) suprime as infecções por broomrape (Orobanche spp.) em fava (Vicia faba), ervilha (Pisum sativum) e tomate (Lycopersicon esculentum). Weed Technology 13: 457-460.

100. Giannakou I, Karpouzas D. (2003). Avaliação de estratégias químicas e integradas como alternativas ao brometo de mctilo para o controlo dos nemátodos das galhas na Grécia. Pest Management Science 59: 883-892.

101. Gil J, Martin LM, Cubero JI. (1984). Resistência a *Orobanche crenata* Forsk. em *Vicia sativa* L. II. In: Parker C.L., L.J. Musselman, R.M. Polhill e A.K. Wilson (eds.). Actas do Terceiro Simpósio Internacional sobre Ervas Parasitárias, ICARDA Aleppo: 221-229.

102. Gil J, Martin LM, Cubero JI. (1987). Genética da resistência em V. sativa a O. crenata Forsk. Plant Breed 99: 134-143.

103. Gilardi G, Gullino ML, Garibaldi A. (2013). Aspectos críticos da enxertia como uma possível estratégia para gerenciar patógenos transmitidos pelo solo. Scientia Horticulturae, 149: 19-21.

104. Giovannucci E, Ascherio A, Rimm EB, Stampher MJ, Colditz GA, Willett WC. (1995). Intake of carotenoids and retinol in the relation to risk of prostate cancer. J Natl Cancer Inst 87: 1767-

1776.

105. Goldwasser Y, Kleifeld Y, Golan S, Bargutti A, Rubin B. (1995). Dissipação de metam-sódio do solo e seu efeito no controlo de Orobanche aegyptiaca. Weed Research 35: 445-452.

106. Gomez-Roldan V, Fermas S, Brewer PB, Puech-Pages V, Dun EA, Pillot JP, Letisse F, Matusova R, Danoun S, Portais JC, Bouwmeester H, Becard G, Beveridge CA, Rameau C, Rochange SF. (2008). Strigolactone inhibition of shoot branching. Natureza 455: 189-194.

107. Gonsior G, Buschmann H, Szinicz G, Spring O, Sauerborn J. (2004). Resistência induzida - uma abordagem inovadora para gerir a vassoura-de-bruxa ramificada (Orobanche ramosa) no cânhamo e no tabaco. Weed Science 52: 1050-1053.

108. Gordon-Ish-Shalom N, Jacobsohn R, Cohen Y. (1994). Seasonal fluctuations in sunflower's resistance to Orobanche cumana. in A. H. Pieterse, J.A.C. Verkleij, and S. J. ter Borg, eds. Proceedings of the 3rd International Workshop on Orobanche and Related Striga Research, Amesterdão: 351-355.

109. Graines-Baumaux. (2006). Greffage : Greffage pour tomates, aubergines, poivrons, melons, pastèques, concombres et cucurbitacées. Graines-Baumaux - Fiche pratique: http://www.graines-baumaux.fr/fiche.php?numfiche=30.

110. Graines Baumaux (2006). Greffage - Fiche pratique. http://www.graines-baumaux.fr/fiche.php?numfiche=30: 30.

111. Graves JD. (1995). Respostas do hospedeiro-planta ao parasitismo. In: Press MC, Graves JD (eds). Parasitic plants. Londres: Chapman and Hall: 206-225.

112. Gressel J. (2002). Molecular Biology of Weed Control (Biologia molecular do controlo de infestantes). Taylor & Francis London.

113. Gressel J. (2003). Melhorar o microbiocontrolo das ervas daninhas. ASM News 69: 498-502.

114. Gressel J, Hanafib A, Headc G, Marasasd W, Obilanae AB, Ochandaf J, Souissig T, Tzotzosh G. (2004). Principais restrições bióticas até agora intratáveis à segurança alimentar africana que podem ser passíveis de novas soluções biotecnológicas. Proteção das Culturas 23: 661-689.

115. Gressel J, Kleifeld KM, Joel DM. (1994). A engenharia genética pode ajudar a controlar a biologia das ervas daninhas parasitas e a Striga relacionada. In: Pieterse A.H., J.A.C. Verkleij e S.J. ter Borg (eds.), Biology and management of Orobanche. Procedimentos do terceiro Workshop Internacional sobre Orobanche e investigação relacionada com a Striga. Amesterdão, Royal Topical Institute Netherlands: 407417.

116. Grigoriadis I, Nianiou-Obeidat I, Tsaftaris AS. (2005). Regeneração de rebentos e

microenxertia de tomates híbridos micropropagados. Journal of Horticultural Science & Biotechnology 80: 183-186.

117. Grube RC, Radwanski ER, Jahn M. (2000). Comparative Genetics of Disease Resistance Within the Solanaceae (Genética comparativa da resistência a doenças nas Solanáceas). Genetics 155: 873-887.

118. Haidar MA, Sidahmed MM, Darwish R, Lafta A. (2005). Controlo seletivo de Orobanche ramosa na batata com rimsulfurão e doses sub-letais de glifosato. Proteção das culturas 24: 743-747.

119. Harb AM, Hameed KM, Shibli RA. (2004). Efeito do ácido triiodobenzóico na infeção e desenvolvimento da vassoura-de-bruxa (Orobanche ramosa) em plantas de tomate. Plant Pathol. J. 20(2): 8184.

120. Harloff HJ, Wegmann K. (1987). Mannitol pathway in *Orobanche*. In: Weber H.C. e W. Forstreuter (eds.), Parasitic Flowering Plants. Actas do Quarto Simpósio Internacional de Plantas com Flores Parasitas Marburg: 295-308.

121. Hauck C, Müller S, Schildknecht H. (1992). Um estimulante de germinação para plantas com flores parasitas de Sorghum bicolor, uma planta hospedeira genuína. Plant Physiol 139: 474-478.

122. Hershenhorn J. (2006). Controlo integrado da vassoura: saneamento, linhas resistentes, controlo químico e biológico - podemos combiná-los? In: Reunião final do COST 849, Palestra sobre o Estado da Arte no Workshop sobre Gestão de Plantas Parasitárias na Agricultura Sustentável, Oeiras- Lisboa Portugal.

123. Hershenhorn J, Dor E, Evidente A. (2004). Fusarium moniliforme como um novo agente patogénico da planta parasita Orobanche spp. In: COST Action 849 Workshop, Parasitic Plant Management in Sustainable Agriculture: Utilização de compostos naturais para a gestão de plantas parasitas. Nápoles, Itália.

124. Hershenhorn J, Eizenberg H, Dor E, Kapulnik Y, Goldwasser Y. (2009). Gestão da vassoura no tomate. Investigação sobre infestantes.

125. Hibberd JM, Jeschke WD. (2001). Fluxo de solutos em plantas parasitas. Exp. Bot. 52: 2043-2049

126. Hibberd JM, Quick WP, Press MC, Scholes JD, Jescke WD (1999) Solute fluxes from tobacco to the parasitic angiosperm Orobanche cernua and the influence of infection on host carbon and nitrogen relations. Plant Cell Environ 22: 937-947.

127. Holbrook NM, Shashidhar VR, James RA, Munns R. (2002). Controlo estomático no tomateiro com raízes deficientes em ABA: resposta das plantas enxertadas à secagem do solo. J Exp Bot 53: 1503-1514.

128. Horvath I, Vigh L, Belea A, Farkas T. (1980). Acumulação de fosfolípidos dependente da rusticidade em folhas de cultivares de trigo. Physiologia Plantarum 49: 117-120.

129. Horvath I, Vigh L, Van Hasselt PR, Woltjes J, Kuiper PJC. (1983). Lipid composition in leaves of cucumber genotypes as affected by different temperature regimes and grafting. Physiologia Plantarum 57: 532-536.

130. Ibrahim M, Munira MK, Kabir MS, Islam AKMS, Miah MMU. (2001). Germinação de sementes e compatibilidade de enxertos de porta-enxertos selvagens de tomate. Journal of Biological Sciences 1: 701-703.

131. Idris A, ABouzeid M, Boari A, Vurro M, Evidente A. (2003). Identificação de metabolitos fitotóxicos que inibem a germinação de sementes de Striga hermonthica. Phytopathologia Mediterannea 42: 65-70.

132. Ioannou N. (2001). Integração da solarização do solo com enxertia em porta-enxertos resistentes para a gestão de agentes patogénicos do solo da beringela. Journal of Horticultural Science & Biotechnology 76: 396-401.

133. Ish-Shalom GN, Jacobsohn R, Cohen Y. (1994). Seasonal fluctuations in sunflower's resistance to Orobanche cumana. in A. H. Pieterse, J.A.C. Verkleij, and S. J. ter Borg, eds. Proceedings of the 3rd International Workshop on Orobanche and Related Striga Research, Amesterdão: 351-355.

134. Jackman RL, Yada RY, Marangoni A, Parkin KL, Stanley DW. (1988). Chilling injury: a review of quality aspect. Journal of Food Science 11: 253-277.

135. Jeffree CE, Yeoman MM. (1983). Desenvolvimento de conexões intercelulares entre células opostas numa união de enxerto. New Phytologist 93: 491-509.

136. Jinga V, Iliescu H, Stanescu V, Gradila M. (2006). Controlo da broomrape nas culturas de tabaco na Roménia. Workshop Parasitic Plant Management in Sustainable Agriculture, reunião final do COST849. ITQB Oeiras-Lisboa Portugal: 38.

137. Joel DM, Hershenhorn J, Eizenberg H, Aly R, Ejeta G, Rich PJ, Ransom JK, Sauerborn J, Rubiales D. (2007). Biologia e gestão de parasitas de raízes de ervas daninhas (revisão). Horticultural Reviews. ed. J. Janick.John Wiley & Sons 33: 267-350.

138. Joel DM, Losner-Gosher D. (1994). Interação precoce hospedeiro-parasita: modelos e

observações da penetração da raiz do hospedeiro pelo haustório de Orobanche. Actas do Workshop Internacional sobre *Orobanche* e investigação relacionada com Striga. Amesterdão, Instituto Real Tropical: 237-247.

139. Joel DM, Portnoy V, Katzir N. (2001). Utilização de marcadores de ADN no estudo de Orobanche e Striga. In: A technical manual for parasitic weed research and extension (J. Kroschel, ed.). Kluwer Academic Publishers, Dordrecht, Países Baixos: 13-17.

140. Kacjan-Marsic N, Osvald J. (2004). A influência da enxertia no rendimento de duas cultivares de tomate (Lycopersicon esculentum Mill.) cultivadas numa estufa de plástico. Ata Agriculturae Slovenica 83(2): 243-249.

141. Kasrawi MA, Abu-Irmaileh BE. (1989). Resistência à vassoura-de-bruxa ramificada *(Orobanche ramosa)* em germoplasma de tomate. HortScience 24(5): 822-824.

142. Khah EM. (2005). Efeito da enxertia no crescimento, desempenho e rendimento da beringela *(Solanum melongena* L) no campo e na estufa. Journal of Food, Agriculture & Environment 3(3&4): 92-94.

143. Khah EM, Kakava E, Mavromatis A, Chachalis D, Goulas C. (2006). Efeito da enxertia no crescimento e rendimento do tomateiro *(Lycopersicon esculentum* Mill.) em estufa e em campo aberto. Journal of Applied Horticulture 8(1): 3-7.

144. Kharrat M, Halila MH. (1994). Espécies de Orobanche na fava (Vicia faba L.) na Tunísia: problemas e gestão. In: Pieterse A.H., J.A.C. Verkleij e S.J. ter Borg (eds.), Biology and management of Orobanche. Procedimentos do 3º Workshop Internacional sobre Orobanche e investigação relacionada com a Striga, Amesterdão, Pays-Bas: 639-643.

145. Kharrat M, Halila MH (1996). Controlo de Orobanche foetida em Vicia faba comparação entre diferentes medidas de controlo. In: Moreno M.T., J.I. Cubero, D. Berner, D. Joel, L.J. Musselman e C. Parker (eds.), Advances in parasitic plant research. Actas do 6º Simpósio Internacional sobre ervas daninhas parasitas Córdoba, Espanha: 733-738.

146. Kharrat M, Halila MH, Ait-Abdallah F. (1998). Distribution, biologie et gestion de l'Orobanche sur les légumineuses alimentaires dans les pays du pourtour Méditerranéen. Colloques, INRA, Paris 88: 65-80.

147. Kharrat M, Halila MH, Beniwal SPS. (1994). Parasitismo de duas variedades de fava afetado por diferentes níveis de inóculo de sementes de Orobanche crenata e O. foetida. In: Pieterse A.H., J.A.C. Verkleij e S.J. ter Borg (eds.), Biology and management of Orobanche. Procedimentos do 3º Workshop Internacional sobre Orobanche e investigação relacionada com a Striga, Amesterdão,

Pays-Bas: 342-348.

148. Kharrat M, Halila MH, Linke KH, Haddar T. (1992). Primeiro relato de Orobanche foetida Poiret em fava na Tunísia. Fabis Newsl 30: 46-47.

149. Kharrat M, Kachelriess S, Halila MH (1997). Biologie et gestion de l'Orobanche et de la cuscute sur les cultures des légumineuses alimentaires en Tunisie. Manuel de Formação e de Vulgarização INRA: 71p.

150. Kharrat M, Zouaoui M, Saffour K, Souissi T. (2002). Luta química contra a Orobanche. In : Kharrat M., F. Abbad Andaloussi, M.E.H. Maatoughi, M. SADIKI e W. Bertenbreiter (eds.), Le devenir des légumineuses alimentaires dans le Maghreb. Actas do 2.º seminário da rede REMAFEVE/REMALA: 90-96.

151. Khot RS, Bhat BN, Kadapa SN, Kambar NS. (1987). Efeito da lavoura profunda no verão sobre a incidência de Orobanche e o rendimento do tabaco bidi. Tobacco Res 13: 134-138.

152. Klein O, Kroschel J. (2002). Biological control of Orobanche spp. with Phytomysa orobanchia. a review. Biocontrolo 47: 245-277.

153. Kostov K, Batchvarova R, Slavov S. (2007). Aplicação de mutagénese química para aumentar a resistência do tomateiro a *Orobanche ramosa* L. Bulgarian Journal of Agricultural Science 13: 505-513.

154. Krishna Murty GVG, Raju CA. (1994). Efeito da solarização sobre a germinabilidade das sementes de giesta (estudo de microplotagem) In: Pieterse A.H., J.A.C. Verkleij e S.J. ter Borg (eds.), Biology and management of Orobanche. Procedimentos do 3º Workshop Internacional sobre Orobanche e investigação relacionada com a Striga, Amesterdão, Pays-Bas: 493.

155. Kukula ST, Haddad A, Masri H. (1985). Controlo de infestantes em lentilhas, fava e grão-de-bico. In: Saxena M.C. e S. Varma (eds.), Faba beans, kabuli chickpeas and lentils in the 1980s. Actas de um Workshop Internacional ICARDA, Aleppo: 169-177.

156. Kumar G.N.M. (2011). Propagação de plantas por enxertia e brotamento. Universidade Estadual de Washington. Uma publicação de extensão do noroeste do Pacífico. 19.

157. Kyriacou MC, Rouphael Y, Colla G, Zrenner R, Schwarz D. (2017). Enxertia de vegetais: As implicações de um imperativo agronómico crescente para a qualidade e o valor nutritivo dos frutos vegetais. Fronteiras em Ciência das Plantas 8(741): 1-23.

158. Labrousse P. (2002). Contribution à l'étude de la résistance de différents génotypes d'Helianthus (Astéracées) à Orobanche cumana Wallr. (Orobanchacées). Tese de Doutoramento da Universidade de Nantes: 233p.

159. Labrousse P, Arnaud MC, Griveau Y, Fer A, Thalouarn P. (2004). Análise dos critérios de resistência das linhas puras recombinadas de girassol contra Orobanche cumana Wallr. Proteção das culturas 23: 407-413.

160. Labrousse P, Arnaud MC, Serieys H, Berville A, Thalouarn P. (2001). Vários mecanismos estão envolvidos na resistência de Helianthus a Orobanche cumana Wallr. Ann. Bot 88: 859-868.

161. Laterrot H. (1996). Vinte linhas quase isogénicas do tipo Moneymaker com diferentes genes de resistência a doenças. Tomato Genetics Report 46: 34.

162. Launay M. (2007). La Tomate dans Tout ses Etats. Boletim de Caramelo 34.

163. Lee JM. (1994). Cultivo de vegetais enxertados. 1. Situação atual, métodos de enxertia e benefícios. HortScience 29: 235-239.

164. Lee JM. (2003). Avanços na enxertia de hortaliças. Chronica Horticulturae 43: 13-19.

165. Lee JM, Bang HJ, Ham HS (1998). Enxertia de legumes. Journal of the Japanese Society for Horticultural Science 67: 1098-1104.

166. Lee JM, Oda M. (2003). Enxertia de culturas hortícolas herbáceas e ornamentais. Horticultural Reviews 28: 127-134.

167. Leonardi C, Giuffrida F. (2006). Variação do crescimento das plantas e da absorção de macronutrientes em tomateiros e beringelas enxertados em três porta-enxertos diferentes. European Journal of Horticultural Science 71: 97-101.

168. Leonardi C. (2016). Introdução ao tour de enxertia de vegetais. Universidade de Catânia, Sicília, Itália, 23.

169. Letousey P, De Zélicourt A, Dos Santos CV, Thoiron S, Monteau F, Simier P, Delavault P. (2007). Análise molecular dos mecanismos de resistência do girassol a Orobanche cumana. Fitopatologia 56: 536-546.

170. Letousey P, Dos Santos CV, Thalouarn P, Delavault P. (2005). Réponses Moléculaires du Tournesol et D'arabidopsis Thaliana à Deux Espèces de Plantes Parasites Orobanche Cumana et Orobanche Ramosa : Mécanismes de Résistance et Résistance Non-Hôte. 6eme Congrès de la S.F.P. - Toulouse.: 94/137.

171. Linke KH, Sauerborn J, Saxena MC. (1989). Guia de campo de Orobanche. Universidade de Hohenheim: 42p.

172. Livernais-Saettel L. (2000). Tomates, *Lycopersicon esculentum*. http://www.dictobio.com/aliments/fr/tomate.html.

173. Lopez-Pérez JA, Le Strange M, Kaloshian I, Ploeg AT. (2006). Resposta diferencial dos porta-enxertos de tomateiro resistentes ao gene Mi aos nemátodos das galhas *(Meloidogyne incognita)*. Proteção das culturas 25: 382-388.

174. Lopez-Péreza JA, Le Strangeb M, Kaloshiana I, Ploeg AT. (2006). Resposta diferencial dos porta-enxertos de tomateiro resistentes ao gene Mi aos nemátodos das galhas (*Meloidogyne incognita*). Proteção das culturas 25: 382-388.

175. Losner-Goshen D, Portnoy VH, Mayer AM, Joel DM. (1998). Atividade pectolítica do haustório da planta parasita OrobancheL. (Orobanchaceae) em raízes hospedeiras. Ann Bot 81(2): 319-326.

176. Lozano-Baena MD, Prats E, Moreno MT, Rubiales D, Pérez-de-Luque A. (2007). Medicago truncatula como modelo de resistência não hospedeira em interacções leguminosas-plantas parasitas. Plant Physiology 145: 437-449.

177. Mabrouk Y, Simier P, Arfaoui A, Sifi B, Delavault P, Zourgui L, Belhadj O. (2007b). Indução de Compostos Fenólicos em Ervilha (Pisum sativum L.) Inoculada por Rhizobium leguminosarum e Infetada com Orobanche crenata Journal of Phytopathology 155: 728734.

178. Mabrouk Y, Zourgui L, Sifi B, Delavault P, Simier P, Belhadj O. (2007a). Algumas estirpes compatíveis de Rhizobium leguminosarum em ervilhas diminuem as infecções quando parasitadas por Orobanche crenata. Weed Research 47: 44-53.

179. Mapelli S, Kinet JM (1992) Plant growth regulator and graft control of axillary bud formation and development in the TO-2 mutant tomato. Regulação do crescimento das plantas 11: 385-390.

180. Martinez-Rodriguez MM, Estan MT, Moyano E, Garcia-Abellan JO, Flores FB, Camposa JF, Al-Azzawi MJ, Flowers TJ, Bolarin MC. (2008). A eficácia da enxertia para melhorar a tolerância ao sal no tomate quando um genótipo "excludente" é utilizado como enxerto. Botânica Ambiental e Experimental 63: 392-401.

181. Matsuzoe N, Aida H, Hanada K, Ali M, Okubo H, Fujieda K. (1996). Qualidade dos frutos de tomateiros enxertados em porta-enxertos de Solanum. Journal of the Japanese Society for Horticultural Science 65: 73-80.

182. Matusova R, Rani K, Verstappen FWA, Franssen MCR, Beale MH, Bouwmeester HJ. (2005). Os estimulantes de germinação de estrigolactona dos parasitas de plantas Striga e Orobanche spp. são derivados da via dos carotenóides. Plant Physiol 139: 920-934.

183. Matusova R, Rani K, Verstappen FWA, Franssen MCR, Beale MH, Bouwmeester HJ. (2005).

Os estimulantes de germinação de estrigolactona das plantas parasitas Striga e Orobanche spp. são derivados da via dos carotenóides. Plant Physiol 139: 920-934.

184. Mauromicale G, Mónaco AL, Longo AMG. (2008). Efeito da infeção por Orobanche ramosa no crescimento e na fotossíntese do tomateiro. Ciência das Plantas Daninhas 56: 574-581.

185. Miller JC, Tanksley SD. (1990). RFLP analysis of phylogenetic relationships and genetic variation in the genus Lycopersicon. Theoretical and Applied Genetics 80: 437-448.

186. Mohamed-Ahmed AG, Drennan DSH. (1993). Estudos de bioensaio sobre a germinação de Orobanche ramosa com exsudados e extractos de raízes. Actas da Conferência de Proteção de Culturas de Brighton sobre Ervas Daninhas: 913-918.

187. Montemurro P, Fracchiolla M, Caramia D. (2006). Experiências in vitro sobre o controlo de *Orobanche ramosa* L. com glifosato no tomateiro. Workshop Parasitic Plant Management in Sustainable Agriculture. Reunião final do projeto COST849. ITQB Oeiras-Lisboa Portugal: 40.

188. Moore R. (1984). Um modelo para compatibilidade-incompatibilidade de enxertos em plantas superiores. American Journal of Botany 71(5): 752-758.

189. Muhitch MJ, Shaner DL, Stidham MA. (1987). Imidazolinones and Acetohydroxyacid Synthase from Higher Plants: Properties of the Enzyme from Maize Suspension Culture Cells and Evidence for the Binding of Imazapyr to Acetohydroxyacid Synthase in Vivo. Plant Physiol 83: 451-456.

190. Müller-Stöver D, Kroschel J. (2005). The potentiel of Ulocladium botrytis for biological control of *Orobanche spp.* Biol. Control 33: 301-306.

191. Müller S, Hauck C, Schildknecht H. (1992). Estimulantes de germinação produzidos por Vigna unguiculata Walp cv. Saunders Upright. Regulação do Crescimento das Plantas 11: 77-84.

192. Munns R, Husain S, Rivelli AR, James RA, Condon AG, Lindsay MP, Lagudah ES, Schachtman DP, Hare RA. (2002). Avenues for increasing salt tolerance of crops, and the role of physiologically based selection traits. Plant and Soil 247: 93-105.

193. Nassib A, Hussein A, El-Rayes FM. (1984). Efeito da variedade, do controlo químico, da data de sementeira e da lavoura na infestação de Orobanche spp. e no rendimento da fava. Notícias FABIS 10: 11-15.

194. Nassib AM, Ibrahim AA, Saber HA. (1978). Resistência à vassoura-de-bruxa (Orobanche crenata) em favas. Actas de um seminário sobre leguminosas de semente. Síria, ICARDA Aleppo: 133-135.

195. Ntatsi G, Savvas D, Huntenburg K, Druege U, Schwarz D. (2014). Um estudo sobre o

envolvimento de ABA na resposta do tomate à temperatura subótima da raiz usando enxertos recíprocos com notabilis, um mutante nulo no gene de biossíntese de ABA LeNCED1. Environ. Exp. Bot. 97: 11-21.

196. Nun NB, Mayer AM. (1993). Pré-condicionamento e germinação de sementes de Orobanche: Respiração e síntese de proteínas. Phytochemistry 34(1): 39-45.

197. Oda M. (1995). Novo método de enxertia para hortícolas de fruto no Japão. Japan Agricultural Research Quarterly 29: 187-194.

198. Oda M. (1999). Enxertia de legumes para melhorar a produção em estufa. Boletim de Extensão (dezembro). Faculdade de Agricultura, Universidade da Província de Osaka, Osaka Japão: 12p.

199. Oda M. (2004). Enxertia de vegetais para melhorar a produção em estufa. Bula. Nacional.

200. Oka Y, Offenbach R, Pivonia S. (2004). Compatibilidade do enxerto de porta-enxerto de pimentão e resposta a Meloidogyne javanica e M. incognita. Journal of Nematology 36(2): 137-141.

201. Ombrello T. (2006). Um cato enxertado que cresce numa das estufas do Union County College. Planta da Semana: http://faculty.ucc.edu/biology-ombrello/POW/grafted cacti.htm.

202. Omenn GS, Goodman GE, Thornquist MD, Balmes J, Cullen MR, Glass A, Keogh JP, Meyskens FL, Valanis B, Williams JH, Barnhart S, Hammar S. (1996). Effects of a combination of beta carotene and vitamin A on lung cancer and cardiovascular disease (Efeitos de uma combinação de beta-caroteno e vitamina A no cancro do pulmão e nas doenças cardiovasculares). N Engl J Med 334: 1150-1155.

203. Ozbay N, Newman SE. (2004). Fusarium Crown and Root Rot of Tomato and Control Methods. Plant Pathology Journal 3(1): 9-18.

204. Parker C, Riches CR. (1993). Ervas daninhas parasitas do mundo: Biology and control. CAB International, Wallingford, Reino Unido: 332p.

205. Passam HC, Stylianou M, Kotsiras A. (2005). Desempenho da beringela enxertada em porta-enxertos de tomate e beringela. European Journal of Horticultural Science 70: 130-134.

206. Pate JS, Kuo J, Davidson NJ. (1990). Morfologia e anatomia do haustório do hemiparasita radicular Olax phyllanthi (Olacaceae), com especial referência à interface haustorial. Ann. Bot 65: 425-436.

207. Patrice. (2005). Greffer des tomates. Técnicas de multiplicação. http://www.greffer.net/?p=107: 107.

208. Pavlou GC, Vakalounakis DJ, Ligoxigakis EK. (2002). Controlo da podridão radicular e do caule do pepino, causada por Fusarium oxysporum f. sp radicis-cucumerinum, por enxertia em porta-enxertos resistentes. Doenças das Plantas 86: 379-382.

209. Peralta IE, Knapp S, Spooner DM, Lammers TG. (2005). Novas espécies de tomates selvagens (Solanum Secção Lycopersicon: Solanaceae) do Norte do Peru. Systematic Botany 30: 424-434.

210. Peres LEP, Carvalho RF, Zsogon A, Bermudez-Zambrano OD, Robles WGR, Tavares S. (2005). Enxertia de mutantes de tomate em porta-enxertos de batata: Uma abordagem para estudar a sinalização derivada da folha na tuberização. Ciência das Plantas 169: 680-688.

211. Perez-Alfocea F, Balibrea ME, Santa-Cruz A, Estan MT. (1996). Caracterização agronómica e fisiológica da tolerância à salinidade num híbrido comercial de tomate. Planta e Solo 180: 251-257.

212. Perez-Alfocea F, Estan MT, Caro M, Bolarin MC. (1993a). Resposta de cultivares de tomate à salinidade. Plant and Soil 150: 203-211.

213. Perez-Alfocea F, Estan MT, Caro M, Guerrier G. (1993b). Ajustamento osmótico em *Lycopersicon esculentum* e *L. pennellii* sob stress iso-osmótico de NaCl e polietilenoglicol 6000. Physiologia Plantarum 87: 493-498.

214. Perez-de-Luque A, Gonzalez-Verdejo CI, Lozano MD, Dita MA, Cubero JI, Gonzalez-Melendi P, Risueno MC, Rubiales D. (2006a). Reticulação de proteínas, peroxidase e P1,3-endoglucanase envolvidas na resistência da ervilha contra Orobanche crenata. J Exp Bot 57: 14611469.

215. Perez-de-Luque A, Jorrin J, Cubero JI, Rubiales D. (2005c). A resistência e a evitação contra Orobanche crenata em ervilha (Pisum spp.) operam em diferentes estádios de desenvolvimento do parasita. Weed Research 45: 379-387.

216. Pérez-de-Luque A, Lozano MD, Moreno MT, Testillano PS, Rubiales D. (2007). Resistência à vassoura-de-bruxa (Orobanche crenata) em fava (Vicia faba): alterações da parede celular associadas a mecanismos de defesa pré-haustoriais. Anais de Biologia Aplicada 151: 89-98.

217. Pérez-de-Luque A, Moreno MT, Rubiales D. (2008). Resistência de plantas hospedeiras a vassouras *(Orobanche* spp.): reacções de defesa e mecanismos de resistência. Anais de Biologia Aplicada 152: 131-141.

218. Perez-de-Luque A, Rubiales D, Cubero JI, Press MC, Scholes J, Yoneyama K, Takeuchi Y, Plakhine D, Joel DM. (2005b). Interação entre *Orobanche crenata* e as suas leguminosas

hospedeiras: Penetração haustorial mal sucedida e necrose do parasita em desenvolvimento. Ann. Bot. 95: 935-942.

219. Perez-de-Luque A, Sillero JC, Moral A, Cubero JI, Rubiales D. (2004). Efeito da data de sementeira e da resistência do hospedeiro no estabelecimento e desenvolvimento de Orobanche crenata em feijão-frade e ervilhaca comum. Weed Research 44: 282-288.

220. Philouze J. (1993). Os Tomates. Sauve qui peut. INRA, station d'Amélioration des plantes maraîchères 84143, Montfavet 6-7: http://www.inra.fr/dpenv/philos67.htm

221. Philouze J. (1999). O tomate e o seu melhoramento genético. In : Tirilly Y, Bourgeois CM, eds. Technologie des légumes. Éditions Tec & Doc: 112-130.

222. Pieters AH. (1996). O efeito do azoto em Orobanche e Striga - Estado da arte. In: Moreno M.T., J.I. Cubero, D. Berner, D. Joel, L.J. Musselman, C. Parker (eds.), Advances in parasitic plant research. Actas do 6° Simpósio Internacional sobre ervas daninhas parasitas Córdoba, Espanha: 273-282.

223. Pieterse AH, Verkleij JAC. (1991). Efeito das condições do solo no desenvolvimento da Striga - uma revisão. In: Ransom, JK, Musselman, LJ, Worsham AD, Parker, C (eds.). Actas do 5° Simpósio Internacional de Ervas Daninhas Parasitárias. Centro Internacional de Melhoramento do Milho e do Trigo (CIMMYT) Nairobi: 329-339.

224. Pogonyi A, Pek Z, Helyes L, Lugasi A. (2005). Efeito da enxertia no rendimento, qualidade e principais componentes do fruto do tomate em forçagem de primavera. Ata Alimentaria 34: 453-462.

225. Imprensa MC. (1995). Como é que as ervas daninhas parasitas *Striga* e Orobanche influenciam as relações de carbono do hospedeiro? Aspects of Applied Biology 42: 63-70.

226. Proebsting WMP, Hedden MJ, Lewis SJ, Croker-Proebsting LN. (1992). Concentração e transporte de giberelina em linhas genéticas de ervilha. Plant Physiology 100: 1354-1360.

227. Qasem JR, Kasrawi MA. (1995). Variação da resistência à vassoura-de-bruxa *(Orobanche ramosa)* no tomateiro. Euphytica 81: 109-114.

228. Rahman MA, Rashid MA, Salam MA, Masud MAT, Masum ASMH, Hossain MM. (2002). Desempenho de alguns genótipos de beringela enxertados em porta-enxertos de solanum selvagem contra o nemátodo das galhas. Jornal de Ciências Biológicas 2: 446-448.

229. Ramirez-Ortega R, Lopez-Granados F, Garcia-Torres L. (1992). Efeito de reforço de N, P e K no glifosato para o controlo da vassoura-de-bruxa (Orobanche crenata Forsk.) na fava (Vicia faba L.). Fabis Newsl 31: 37-39.

230. Riches CR, Parker C. (1995). Plantas parasitas como ervas daninhas. In: Press M.C. e J.D. Graves (eds.). Parasitic Plants, Londres: 226-255.

231. Rick CM, Laterrot H, Philouze J. (1990). Uma chave revista para as espécies de Lycopersicon. Tomato Genetics Cooperative Report 40: 31.

232. Ringer JO, Bartlett Y. (2007). The Significance of Potassium (O significado do potássio). The Pharmaceutical Journal 278: 497-501.

233. Rispail N, Dita MA, Gonzalez-Verdejo C, Perez-de-Luque A, Castillejo MA, Prats E, Roman B, Jorrin J, Rubiales D. (2007). Resistência das plantas a plantas parasitas: abordagens moleculares a um velho inimigo. Revisão da investigação. New Phytol 173: 703-712.

234. Rivard CL. (2006). Enxertia de tomate para gerir doenças transmitidas pelo solo e melhorar o rendimento em sistemas de produção biológica. Uma tese apresentada à Faculdade de Pós-Graduação da Universidade Estadual da Carolina do Norte em cumprimento parcial dos requisitos para o grau de Mestre em Ciências. Patologia vegetal. Raleigh, Carolina do Norte, EUA: 112.

235. Rivard CL, Louws FJ. (2006). Enxertia para resistência a doenças em tomates tradicionais. Serviço de Extensão Cooperativa da Carolina do Norte Ag-675: 8p.

236. Rivero RM, Ruiz JM, Romero L. (2003a). Papel da enxertia em plantas hortícolas sob condições de stress. Alimentação, Agricultura e Ambiente 1(1): 70-74.

237. Rivero RM, Ruiz JM, Romero L. (2003b). Pode a enxertia em tomateiros reforçar a resistência ao stress térmico? Journal of the Science of Food and Agriculture 83: 1315-1319.

238. Rivero RM, Ruiz JM, Romero L. (2004). Metabolismo do ferro em plantas de tomate e melancia: Influência da enxertia. Journal of Plant Nutrition 27: 2221-2234.

239. Roberts BW, Fish WW, Bruton BD, Popham TW, Taylor MJ. (2005). Efeitos da enxertia de melancia na produção e qualidade dos frutos. Hortscience 40(3): 871.

240. Roman B, Torres AM, Rubiales D, Cubero JI, Satovic Z. (2002). Mapeamento de loci de características quantitativas que controlam a resistência à vassoura-de-bruxa (Orobanche crenata Forsk.) na fava (Vicia faba L.). Genoma 45: 1057-1063.

241. Rubiales D. (2003). Plantas parasitas, parentes silvestres e a natureza da resistência. New Phytologist 160: 459-461.

242. Rubiales D, Perez-de-Luque A, Cubero JI, Sillero JC. (2003b). Infeção da vassoura-de-bruxa (Orobanche crenata) em cultivares de ervilha forrageira. Proteção das culturas 22: 865-872.

243. Rubiales D, Perez-de-Luque A, Joel DM, Alcantara C, Sillero JC. (2003c). Caracterização da resistência do grão-de-bico à vassoura-de-bruxa crenada (Orobanche crenata). Ciência das Plantas Daninhas 51: 702707.

244. Rubiales D, Sadiki M, Roman B. (2005a). Primeiro registo de Orobanche foetida em ervilhaca comum (Vicia sativa) em Marrocos. Plant Dis 89: 528.

245. Ruiz JM, Belakbir A, Romero L. (1996). Nível foliar de fósforo e seus bioindicadores em plantas enxertadas de Cucumis melo. Um possível efeito dos porta-enxertos. Journal of Plant Physiology 149: 400-404.

246. Ruiz JM, Belakbir L, Ragala JM, Romero L. (1997). Resposta da produção vegetal e dos pigmentos foliares às condições salinas: eficácia de diferentes porta-enxertos em plantas de melão (Cucumis melo L.). Soil Science of Plant Nutrition 43: 855-862.

247. Ruiz JM, Blasco B, Rivero RM, Romero L. (2005). Plantas de tabaco sem nicotina e tolerantes ao sal obtidas por enxertia em porta-enxertos de tomate resistentes à salinidade. Physiologia Plantarum 124: 465-475.

248. Ruiz JM, Romero L. (1999). Eficiência e metabolismo do azoto em plantas de melão enxertadas. Scientia Horticulturae 81: 113-123.

249. Saffour K. (2003). Utilização de herbicidas e de produtos de azeitona (grignon e marginas) no controlo da orobanche em fève. Tese de Doutoramento Nacional em Biologia. Université Sidi Mohamed Ben Abdallah Maroc: 179p.

250. Saghir AR. (1986). Dormência e germinação de sementes de Orobanche em relação aos métodos de controlo. Em S.J. ter Borg (ed.). Biology and Control of Orobanche. Escola Landbouwhoge, wageningen Países Baixos: 25-34.

251. Saghir AR. (1994). Panorâmica de uma nova técnica de controlo de Orobanche. Plant Prot. Q. 9: 77-80.

252. Saghir AR, Abushakra S. (1971). Efeito da difenamida e da trifluralina na germinação de sementes de Orobanche in vitro. Weed Res. 11: 74-76.

253. Sallé G. (2004). Les plantes Parasites. *In* F Sciences, ed, Faune et Flore, Vol 2009, http://www.futura-sciences.com/fr/doc/t/botanique/d/les-plantes-parasites 481/c3/221/p7/.

254. Sandbrik JM, Van Ooijen JW, Purimahua CC, Vrielink M, Verkerk R, Zabel P, Lindhout P. (1995). Localização de genes de resistência ao cancro bacteriano em Lycopersicon peruvianum utilizando RFLPs. Theor Appl Genet 90: 444-450.

255. Santa-Cruz A, Martinez-Rodriguez MM, Cuartero J, Bolarin MC. (2001). Resposta do

rendimento da planta e do conteúdo de iões à salinidade em plantas de tomate enxertadas. Ata Horticulturae 559: 413-417.

256. Santa-Cruz A, Martinez-Rodriguez MM, Perez-Alfocea F, Romero-Aranda R, Bolarin MC. (2002). O efeito do porta-enxerto na resposta do tomate à salinidade depende do genótipo do rebento. Plant Science 162: 825-831.

257. Sauerborn J. (1991a). A importância económica dos fitoparasitas Orobanche e Striga. In: Ransom J.K., L.J. Musselman, A.D. Worsham e C. Parker (eds.). Actas do 5° Simpósio Internacional sobre Ervas Daninhas Parasitárias. CYMMYT, Nairobi, Quénia: 137-143.

258. Sauerborn J. (1991b). Plantas com flores parasitas: Ecologia e gestão. Verlag Josef Margraf, Weikersheim, Alemanha: 127p.

259. Sauerborn J, Muller-Stver D, Hershenhorn J. (2007). O papel do controlo biológico na gestão de infestantes parasitas. Proteção das Culturas 26: 246-254.

260. Sauerborn J, Saxena MC. (1987). Efeito da solarização do solo na infestação de Orobanche spp. e outras pragas em feijão-frade e lentilha. In: Weber H. e W. Frastreutre (eds.), Parasitic Flowring Plants. Procedimentos do 4° ISPFP Marburg: 733-744.

261. Savvas D, Oztekin GB, Tepecik M, Ropokis A, Tuzel Y, Ntatsi G. (2017). Impacto da enxertia e do porta-enxerto nos rácios de absorção de nutrientes para a água durante o primeiro mês após a plantação de tomate cultivado hidroponicamente. J. Hortic. Sci. Biotechnol. 92: 294-302.

262. Scheffer RP. (1957). Experiências de enxertia com plantas de tomate resistentes e susceptíveis à murcha de Fusarium. Phytopathology 47: 30.

263. Serghini K, Pcrez-de-Luque A, Castejon-Munoz M, Garcia-Torres L, Jorrin JV. (2001). Resposta do girassol (Helianthus annuus L.) ao parasitismo da vassoura (Orobanche cernua Loefl.): síntese induzida e excreção de cumarinas simples 7-hidroxiladas. J Exp Bot 52: 2227-2234.

264. Shaner DL, Anderson PC, Stidham MA. (1984). Imidazolinones: Inibidores potentes da acetohidroxiácido sintase. Plant Physiol 76: 545-546.

265. Siguenza C, Schochow M, Turini T, Ploeg A. (2005). Utilização de *Cucumis metuliferus* como porta-enxerto de melão para a gestão de *Meloidogyne incognita*. Journal of Nematology 37(3): 276280.

266. Sillero JC, Moreno MT, Rubiales D. (1996a). Rastreio preliminar da resistência à vassoura-de-bruxa (*Orobanche crenata*) em espécies de *Vicia*. In: Moreno M.T., J.I. Cubero, D. Berner, D. Joel, L.J. Musselman e C. Parker (eds.), Advances in parasitic plant research. Actas do 6th

Simpósio Internacional sobre ervas daninhas parasitas, Córdoba Espanha: 929p.

267. Sillero JC, Rubiales D, Cubero JI. (1996b). Risco de rastreio da resistência à *Orobanche* com base apenas no número de rebentos emergidos por planta. In: Moreno M.T., J.I. Cubero, D. Berner, D. Joel, L.J. Musselman e C. Parker (eds.), Advances in parasitic plant research. Actas do 6th Simpósio Internacional sobre ervas daninhas parasitas, Córdoba Espanha: 929p.

268. Singh M, Singh DV, Misra PC, Tewari KK, Krishnan PS. (1968). Aspectos bioquímicos do parasitismo por parasitas de angiospermas: acumulação de amido. Physiol. Plantarum 21: 525-538.

269. Slavov S, Van Onckelen H, Batchvarova R, Atanassov A, Prinsen E. (2004). Produção de IAA durante a germinação de sementes de Orobanche spp. Journal of Plant Physiology 161(7): 847-853.

270. Smith MC, Holt JS, Webb M. (1993). Modelo populacional da erva daninha parasita Striga hermonthica (Scrophulariaceae) para investigar o potencial de Smicronyx umbrinus (Coleoptera: Curculionidae) para controlo biológico no Mali. Proteção das culturas 12: 473-476.

271. Snelder Y, Moreno MT, Martin A, Gil J. (1994). Screening for resistance to *Orobanche crenata* Forsk in *Vicia faba* L. In: Pieterse A.H., J.A.C. Verkleij and S.J.ter Borg (eds.), Biology and management of *Orobanche*. . Procedimentos do 3rd International Workshop on *Orobanche* and related *Striga* research, Amsterdam Pays-Bas: 474-481.

272. Solt ML, Dawson RF. (1958). Production, Translocation and Accumulation of Alkaloids in Tobacco Scions Grafted to Tomato Rootstocks (Produção, Translocação e Acumulação de Alcalóides em Rebentos de Tabaco Enxertados em Porta-enxertos de Tomate). Plant Physiol 33: 375-381.

273. Staubli A. (2005). Porte-greffe résistants au corky root de la tomate. http://www.racchangins.ch/doc/fr/producteurs/faits/ Agroscope.

274. Stoddard F, McCully M. (1979). Histologia do desenvolvimento da união do enxerto em raízes de ervilha. Canadian Journal of Botany 57: 1486-1501.

275. Sugimoto Y, Ueyama T. (2008). Produção de (+)-5-deoxistrigol por cultura de raízes de Lotus japonicus. Phytochemistry 69: 212-217.

276. Sun Z, Hans J, Walter MH, Matusova R, Beekwilder J, Verstappen FW, Ming Z, van Echtelt E, Strack D, Bisseling T, Bouwmeester HJ. (2008). Clonagem e caraterização de uma dioxigenase de clivagem de carotenóides de milho (ZmCCD1) e seu envolvimento na

biossíntese de apocarotenóides com vários papéis em interacções mutualistas e parasitárias. Planta 228: 789801.

277. Tanksley SD, McCouch SR. (1997). Seed banks and molecular maps : unlocking genetic potential from the wild. Science 277: 1063-1066.

278. Thoquet P, Olivier J, Sperisen C, Rogowsky P, Laterrot H, Grimsley N. (1996). Quantitative trait loci determining resistance to bacterial wilt in tomato cultivar Hawaii7996. Mol PlantMicrobe Int 9: 826-836.

279. Thuring JWJF, Nefkens GHL, Schaafstra R, Zwanenburg B. (1995). Síntese assimétrica de um anel D sintónico para análogos de Strigol e sua aplicação à síntese de todos os quatro estereoisómeros do estimulante de germinação GR7. Tetrahedron 51(17): 5047-5056.

280. Tiedemann R. (1989). Desenvolvimento da união do enxerto e contacto simplástico do floema no heteroenxerto de *Cucumis sativus* em *Cucurbita ficifolia*. Journal of Plant Physiology 134: 427-440.

281. Traka-Mavrona, Koutsika-Sotiriou EM, Pritsa T. (2000). Resposta da abóbora (Cucúrbita spp.) como porta-enxerto de melão (Cucumis melo L.). Scientia Hortic. 83: 353-362.

282. Tremblay A, Lessard S, Lambert S. (2003). Seleção : Os tomates greffées. Amélioration du rendement... par la greffe. http://www1.radio-canada.ca/actualite/semaineverte/ColorSection/agriculture/030316/tomates.shtml.

283. Tresky S, Walz E. (1997). Teste de soluções para o controlo da murcha bacteriana do tomateiro. Boletim da Fundação para a Investigação em Agricultura Biológica 4: 8-9.

284. Tsror LL, Nachmias A. (1995). Verticillium wilt comparison of the tolerance phenomenon in potato to Ve gene resistance in tomato. Ciências Vegetais 43: 315-323.

285. Turquois N, Malone M. (1996). Avaliação não destrutiva do desenvolvimento de ligações hidráulicas na união do enxerto de tomate. Journal of Experimental Botany 47: 701-707.

286. UC-IPM. (2008). Directrizes de gestão de pragas: TOMATE. UC IPM 3470: 116p.

287. Umehara M, Hanada A, Yoshida S, Akiyama K, Arite T, Takeda-Kamiya N, Magome H, Kamiya Y, Shirasu K, Yoneyama K, Kyozuka J, Yamaguchi S. (2008). Inibição da ramificação de rebentos por novas hormonas vegetais terpenóides. Natureza 455: 195-200.

288. Upstone ME. (1968). Efeitos da fumigação com brometo de metilo e da enxertia no rendimento e nas doenças radiculares do tomateiro. Patologia Vegetal 17: 103.

289. USDA. (2008). Pesquisa na Base de Dados Nacional de Nutrientes do USDA (Departamento

de Agricultura dos Estados Unidos) para Referência Padrão, Laboratório de Dados de Nutrientes. Serviço de Investigação Agrícola. http://www.nal.usda.gov/fnic/foodcomp/search/.

290. Vakalounakis DJ. (1990). Alternativas ao brometo de metilo para o controlo de doenças fúngicas de pepinos de estufa na Grécia. Instituto de Proteção das Plantas N.AG.RE.F., Heraklio Creta: 1-5.

291. Van der Beek JG, Pet G, Lindhout P. (1994). A resistência ao oídio *(Oidium lycopersicum)* em *Lycopersicon hirsutum* é controlada por um gene Ol-1 incompletamente dominante no cromossoma 6. Theor Appl Genet 89: 467-473.

292. Van Hezewijk MJ. (1994). Germinação e ecologia de Orobanche crenata. Implicações para as medidas de controlo cultural. Tese de Mestrado em Amesterdão, Universidade Livre de Amesterdão, Faculdade de Biologia dos Países Baixos: 162p.

293. Venema JH, Dijk BE, Bax JM, Van Hasselt PR, Elzenga JTM. (2008). A enxertia de tomate *(Solanum lycopersicum)* no porta-enxerto de um acesso de *Solanum habrochaites* de elevada altitude melhora a tolerância a temperaturas subóptimas. Botânica Ambiental e Experimental 63: 359-367.

294. Véronési C, Benharrat H, Delavault P, Simier P. (2006). A vassoura-de-bruxa, estudo comparativo de variedades de colza susceptíveis e resistentes a este parasita e caraterização de marcadores bioquímicos de defesa. Phytoma - La Défense des Végétaux 599: 45-47.

295. Vigh L, Horvath I, Vanhasselt PR, Kuiper PJC. (1985). Effect of frost hardening on lipid and fatty-acid composition of chloroplast thylakoid membranes in 2 wheat-varieties of contrasting hardiness. Plant Physiology 79: 756-759.

296. Vitre A. (2002). O greffage dos tomates. Relatório técnico: 4p.

297. Wang Q, Men L, Gao L, Tian Y. (2017). Efeito da enxertia e da aplicação de gesso no crescimento do pepino (Cucumis sativus L.) sob irrigação com água salina. Agricultural Water Management, 188: 79-90.

298. Watson L, Dallwitz MJ. (1992). As famílias de plantas com flores: descrições, ilustrações, identificação e recuperação de informação. Versão: 1 de junho de 2007.

299. Wegmann K. (1986). Bioquímica da osmorregulação e possíveis razões bioquímicas da resistência contra Orobanche. In: ter Borg S.J. (ed.). Procedimentos do workshop sobre biologia e controlo de Orobanche Wageningen. LH/VPO Países Baixos: 107-117.

300. Wigchert SCM, Kuiper E, Boelhouwer GJ, Nefkens GHL, Verkleij JAC, Zwanenburg B. (1999). Dose-resposta das sementes das infestantes parasitas Striga e Orobanche aos

estimulantes sintéticos da germinação GR$_{24}$ e Nijmegen₁ . Agric. Food Chem 47: 1705-1710.

301. Wolswinkel P. (1984). Descarga do floema e "força de afundamento": O paralelo entre o local de fixação de Cuscuta e o desenvolvimento de sementes de leguminosas. Regulação do crescimento das plantas 2: 309-317.

302. Xie X, Yoneyama K, Kusumoto D, Yamada Y, Takeuchi Y, Sugimoto Y, Yoneyama K. (2008a). Sorgomol, estimulante de germinação para plantas parasitas de raízes, produzido por Sorghum bicolor. Tetrahedron Letters 49(13): 2066-2068.

303. Xie X, Yoneyama K, Kusumoto D, Yamada Y, Yokota T, Takeuchi Y, Yoneyama K. (2008b). Isolamento e identificação de alectrol como acetato de (+)-orobanquilo, um estimulante de germinação para plantas parasitas de raízes. Phytochemistry 69(2): 427-431.

304. Yang X, Hu X, Zhang M, Xu J, Ren R, Liu G, Yao X, Chen X. (2016). Efeito da baixa temperatura nocturna na formação de uniões de enxertos em melancia enxertada em porta-enxertos de cabaça de garrafa. Scientia Horticulturae, 212: 29-34.

305. Yassin H, Hussen S. (2015). Reiview on Role of Grafting on Yield and Quality of Selected Fruit Vegetables. Global Journal of Science Frontier Research D: Agricultura e Veterinária 15(1).

306. Yetisir H, Sari N. (2003). Efeito de diferentes porta-enxertos no crescimento da planta, rendimento e qualidade da melancia. Australian Journal of Experimental Agriculture 43: 1269-1274.

307. Yokota T, Sakai H, Okuno K, Yoneyama K, Takeuchi Y. (1988). Alectrol e orobanchol, estimulantes de germinação para Orobanche minor, do seu hospedeiro trevo vermelho. Phytochemistry 49: 1967-1973.

308. Zaitoun FMF, Ter Borg SJ. (1994). Resistência contra Orobanche crenata em favas egípcias e espanholas. In: Pieterse A.H., J.A.C. Verkleij e S.J. ter Borg (eds.), Biology and management of Orobanche. Procedimentos do 3° Workshop Internacional sobre Orobanche e investigação relacionada com Striga, 736 p. Amsterdam Pays-Bas: 264-275.

309. Zehhar N, Ingouff M, Bouya D, Fer A. (2002). Possível envolvimento de giberelinas e etileno na germinação de Orobanche ramosa. Weed Research 42: 464-469.

310. Zehhar N, Ingouff M, Bouya D, Fer A. (2002). Possível envolvimento de giberelinas e etileno na germinação de Orobanche ramosa. Weed Res. 42: 464-469.

311. Zehhar N, Labrousse P, Arnaud MC, Boulet C, Bouya D, Fer A. (2003). Estudo da resistência a Orobanche ramosa em plantas hospedeiras (colza e cenoura) e não hospedeiras (milho). Eur.

J. Plant Pathol 109: 75-82.

312. Zemrag A. (1999). L'orobanche. monographie et gestion dans les cultures des légumes alimentaires. Transferência de tecnologia na agricultura. PNTTA 63: 1-4.

313. Zermane N, Kroschel J, Souissi T. (2004). Opções para o controlo biológico da infestante parasita Orobanche no Norte de África. Deutscher Tropentag Berlin.

314. Zijlstra S, Groot SPC, J JJ. (1994). Variação genotípica de porta-enxertos para crescimento e produção em pepino; possibilidades de melhorar o sistema radicular através do melhoramento de plantas. Sci. Hortic 56: 185-186.

315. Zonno M-C, Vurro M, Evidente A, Capasso R, Cutignano A, Sauerborn J. (1996). Metabolitos fitotóxicos produzidos por Fusarium nygamai a partir de Striga hermonthica. In: Actas do IX Simpósio Internacional sobre Controlo Biológico de Ervas Daninhas, Stellenbosch África do Sul: 223-226.

316. Zouaoui M, Souissi T, Zermane N, Kharrat M. (2002). L'Orobanche : répartition et causes d'infestation. In: Kharrat M., F. Abbad Andaloussi, M.E.H. Maatoughi, M. Sadiki, W. Bertenbreiter (eds.), Le devenir des légumineuses alimentaires dans le Maghreb. Actas do 2º Seminário da Rede REMAFEVE/REMALA: 88-96.

Printed by Books on Demand GmbH, Norderstedt / Germany